轻松学做

全蔬食

袁金涛 刘利平 / 主编

江苏凤凰科学技术出版社 · 南京

图书在版编目（CIP）数据

轻松学做全蔬食 / 袁金涛, 刘利平主编. — 南京 : 江苏凤凰科学技术
出版社, 2024.7
（汉竹·健康爱家系列）
ISBN 978-7-5713-4089-6

Ⅰ . ①轻… Ⅱ . ①袁… ②刘… Ⅲ . ①素菜 – 菜谱 Ⅳ . ① TS972.123

中国国家版本馆 CIP 数据核字 (2024) 第 029481 号

中国健康生活图书实力品牌

轻松学做全蔬食

主　　　编	袁金涛　刘利平	
全 书 设 计	汉　竹	
责 任 编 辑	刘玉锋　赵　呈	
特 邀 编 辑	张　瑜　郭　搏	
责 任 设 计	蒋佳佳	
责 任 校 对	仲　敏	
责 任 监 制	刘文洋	

出 版 发 行	江苏凤凰科学技术出版社
出版社地址	南京市湖南路 1 号 A 楼，邮编：210009
出版社网址	http://www.pspress.cn
印　　　刷	南京新世纪联盟印务有限公司

开　　　本	720 mm×1 000 mm　1/16
印　　　张	11.5
字　　　数	230 000
版　　　次	2024 年 7 月第 1 版
印　　　次	2024 年 7 月第 1 次印刷

标 准 书 号	ISBN 978-7-5713-4089-6
定　　　价	39.80 元

图书如有印装质量问题，可向我社印务部调换。

导读

什么是全蔬食？
全蔬食会影响身体健康吗？
全蔬食是不是都不好吃？
……

很多人为了健康，纷纷开始远离肉类食物，成为素食主义者，在吃素几乎成为一种时尚的时候，许多人开始有了上述疑问。其实，坚持合理地吃全蔬食对身体是有很多益处的，比如能使血压、血糖、血脂降低，可以改善消化功能、辅助控制体重等。当然了，吃素也是有讲究的，纯素食者容易缺乏钙、铁、锌、维生素 D 等营养素，所以素食者需要认真对待和设计膳食，合理利用食物，以确保满足身体的营养需要，比如平时饮食中要适量增加全谷物、大豆及其制品的摄入，多补充蔬菜、水果等。

本书作者为素食餐厅的主厨，从专业角度讲解了全蔬食者如何吃更健康，并且提供了上百道好吃、好做的素食，涵盖宴客硬菜、快手小炒、爽口凉菜、创意主食、滋补汤饮，让全蔬食者既能吃得丰富美味，又能吃得营养健康！

全蔬食随心搭配，享受一日三餐

很多人听到"全蔬食"这个词的第一反应就是，"只吃蔬菜吗？"或"全蔬食，厉害！吃生的蔬菜吗？"那么，全蔬食到底是什么？全蔬食和素食、生食有何区别呢？全蔬食是天然植物性饮食，含各种谷豆蔬果，再加上一些调料，可以搭配出多种多样的美食。本书精选了上百道全蔬食，读者可随心搭配，享受一日三餐。

全蔬食、纯素食

全蔬食者或纯素食者是指不食家畜、家禽、海鲜等动物性食物的人群。本书中的素食与一般的素食明显的差别在于无蛋奶、无五辛，主要用应季蔬菜来制作。

无蛋奶：按照所戒食物种类不同，素食者可分为纯素食人群、蛋素食人群、奶素食人群、蛋奶素食人群等。完全戒食动物性食物及其产品的为纯素食人群。蛋奶素食者不食用动物的肉，包括畜类、禽类、鱼类（或海鲜），但食用蛋类和奶类制品；也有些人是奶素食者，与蛋奶素食者差不多，只是拒绝食用蛋类；还有些人是蛋素食者，与蛋奶素食者差不多，只是拒绝食用奶类。本书中介绍的素食者为纯素食者，既不食用动物的肉，也不食用动物产出的食品，比如蛋类、奶类。

无五辛：本书中的素食在制作时不使用"五辛"（葱、蒜、韭、薤、兴渠），"五辛"味道较强烈，不仅会掩盖原料本身的味道，还容易刺激肠胃。

制作简单

本书精选了上百道难易适中的菜谱，增强了本书中菜谱的可操作性。更重要的是，本书中的菜品从食材准备开始讲起，将做菜过程分步骤讲解，每一个步骤都配有操作图，且附有主厨亲自录制的做菜视频，让人一看就会，即使是没有做菜经验的新手，也能轻松上手。

许多人想要尝试全蔬食，但是又担心纯素的饮食会导致身体营养不足，影响健康。之所以有这种想法，主要是觉得全蔬食的饮食结构单一，蛋白质摄入不足。毕竟，肉蛋奶是蛋白质的主要来源。其实，植物中也有植物蛋白，营养师认为，素食只要吃对了，对身体健康是大有好处的。

此外，本书采用了尽量保留原料营养成分的烹饪方法，使做出的素食更加健康。

提起全蔬食，不少人都会觉得寡淡无味，不好吃。其实，只要从调料、选材、制作上用心把控，即便是全蔬食，也能做得很美味。本书中的菜品种类丰富，分为宴客硬菜、创意快手家常菜、开胃爽口凉菜、五谷杂粮主食、鲜美滋补汤羹，可以满足素食者一日三餐的需求，让素食爱好者不仅吃得健康、营养，也能吃得美味。

目录

第一章 这样吃素更健康

第二章 素食界的宴客硬菜

红烧素狮子头 /30

 锅包山药 /32

 番茄素牛腩 /38

 宫保素鸡丁 /34

 果仁荔浦芋头 /40

 麻辣香锅 /36

竹燕窝烩腐皮 /50

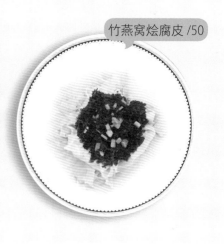

 素蟹黄豆腐 /42

 贵州酸汤素鱼 /46

 芋头素扣肉 /44

 黑椒牛肝菌 /48

水煮素培根 /52

 鱼香素肉丝 /54

 孜然素肉 /60

 京酱素肉丝 /56

 香煎素牛排 /62

 素辣子鸡 /58

 素佛跳墙 /63

第三章 创意快手家常素菜

清炒儿菜 /66

黑胡椒素牛排 /79

素火爆腰花 /80

素鱼翅扒丝瓜尖 /108

大乱炖 /118

小炒秋葵 /119

第四章 开胃爽口素凉菜

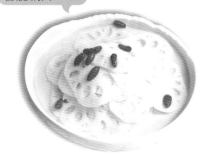

第五章 五谷杂粮主食

鱼香芋饼 /142

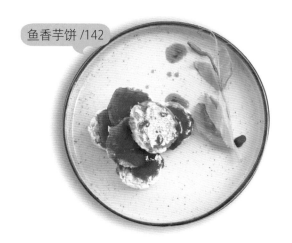

烧卖 /153

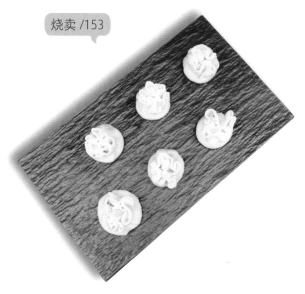

第六章 鲜美滋补汤羹

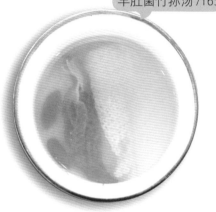

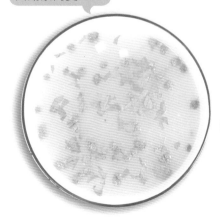

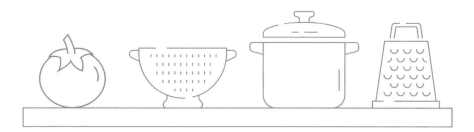

第一章　这样吃素更健康

　　现如今，素食主义者越来越多，但是有些人盲目跟风吃素，不注重营养搭配和生活方式的改变，不仅不利于健康，反而可能会对健康造成不良的影响。其实，吃素也是有讲究的，注重营养摄入，才能越吃越健康。

经常吃素好处多

现如今，吃素的人越来越多，但也有些人担心吃素会造成营养不良，其实坚持吃素食对我们的身体是有很多益处的。那么，吃素的好处有哪些呢？一起来看看吧。

调控血压

改变成素食饮食后，素食中含有的自然低饱和脂肪取代了钠及饱和脂肪的摄入，进而使高血压症状得到缓解。

吃素的好处

调节血糖

饮食中的素食主要是蔬菜、水果、豆类等，这些食物中的抗氧化物可以抑制葡萄糖的吸收，同时也能刺激胰岛素分泌；这些素食中的纤维有助于调控餐后血糖，改善血糖反应、胰岛素信号传递以及胰岛素敏感性。

降低心脑血管疾病风险

素食中富含维生素和膳食纤维，有抑制胆固醇吸收和合成的作用。从这个角度来看，素食能够降低心脑血管疾病的发病风险。

增强味觉敏感性

长期吃素，不吃奶制品、鸡蛋和肉类，可能会导致口味偏好的改变，对脂肪的味觉敏感性增加，对盐的感觉也是如此。

改善消化功能

食用素食会增加膳食纤维的摄入量，能够促进肠道蠕动，加速粪便排泄，改善身体的消化功能。

改善睡眠

香蕉、苹果、核桃等食物中都含有褪黑素，有助于调节睡眠。此外，很多绿叶蔬菜、坚果、豆类等都是镁的良好来源，这种营养成分有助于提高睡眠质量。

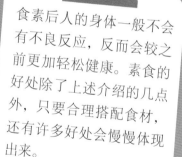

食素后人的身体一般不会有不良反应，反而会较之前更加轻松健康。素食的好处除了上述介绍的几点外，只要合理搭配食材，还有许多好处会慢慢体现出来。

☑ 延缓衰老
☑ 维持皮肤良好状态
☑ 预防便秘
☑ 辅助控制体重
☑ 减少肾脏的负担
☑ 有助于安定情绪

全蔬食者如何摄入营养

　　为了满足营养的需要，全蔬食者需要认真对待和设计膳食。那么，全蔬食者该如何摄入营养呢？

适量增加全谷物的摄入

全谷物保留了天然谷类的全部成分，《中国居民膳食指南》提倡多吃全谷物食物。建议全蔬食者（成人）每天摄入谷类食物250~400克，其中全谷类为120~200克。

全蔬食者
需摄入的营养

增加大豆及其制品的摄入

大豆含有丰富的优质蛋白质、不饱和脂肪酸、B族维生素以及其他多种有益健康的物质，如异黄酮等；发酵豆制品中含有维生素B_{12}。因此，素食人群应增加大豆及其制品的摄入，选用发酵豆制品。建议全蔬食者（成人）每天摄入大豆50~80克或等量的豆制品，其中包括5~10克发酵豆制品。

蔬菜、水果应充足

蔬菜、水果每天的摄入量应充足。建议全蔬食者（成人）每天摄入蔬菜300~500克，其中深色新鲜蔬菜占1/2。水果摄入量应保持每天200~350克，大概相当于一个苹果再加上一个橙子。

常吃海藻、菌菇

海藻含有多不饱和脂肪酸及多种矿物质；菌菇富含矿物质、蛋白质和多糖类。素食人群应常吃海藻和菌菇。建议全蔬食者（成人）每天摄入藻类或菌菇5~10克。

适量吃坚果

坚果类富含蛋白质、不饱和脂肪酸、维生素和矿物质等，常吃坚果有助于心脏的健康。建议全蔬食者（成人）每天摄入坚果20~30克。

全蔬食者摄入营养时，食用量可按照下列顺序依次递减。

☑ 水果和蔬菜
☑ 全谷物类
☑ 大豆类
☑ 坚果类
☑ 菌菇类
☑ 油类

合理选择烹调油

应食用各种植物油，满足必需脂肪酸的需要。α-亚麻酸在亚麻籽油和紫苏油中含量丰富，是素食人群多不饱和脂肪酸的主要来源。因此，应多选择亚麻籽油和紫苏油。

全蔬食、纯素食者易缺乏六种营养素

　　全蔬食者或纯素食者是指以不食肉类、海鲜等动物性食物为饮食方式的人群。按照所戒食物种类不同，可分为全素人群、蛋素人群、奶素人群、蛋奶素人群等。完全戒食动物性食物及其产品的为全素人群；不戒食蛋奶类及其相关产品的为蛋奶素人群。素食人群需要认真对待和设计膳食，以防缺乏维生素 D、维生素 B$_{12}$、多不饱和脂肪酸、钙、铁、锌等营养素。

多不饱和脂肪酸

全蔬食者可通过食用亚麻籽油、紫苏油、海藻等补充。

营养素食物来源

维生素 B$_{12}$

维生素 B$_{12}$ 参与制造骨髓红细胞，有助于预防恶性贫血和大脑神经受到破坏。全蔬食者可通过食用菌菇类、发酵豆制品补充。必要时可服用维生素 B$_{12}$ 补充剂。

维生素 D

全蔬食者可通过食用强化谷物、蘑菇等来补充，并且要适当多晒太阳。

钙

钙为凝血因子，能降低神经、肌肉的兴奋性，是构成骨骼、牙齿的重要成分。全蔬食者可通过食用钙含量较多的蔬菜补充，如西蓝花、萝卜、芥蓝、苋菜、菠菜等。

铁

全蔬食者可通过食用铁含量较多的蔬菜补充，如菠菜、芹菜等；还可配合摄入维生素C含量较多的蔬菜水果，以利于蔬食中铁的吸收；此外，还可用铁制炊具烹饪食物。

不食肉蛋奶产品的素食人群应特别注意补充营养，可通过以下食物来补充。

☑ **全谷物**
☑ **钙、铁、锌含量丰富的蔬果**
☑ **菌类、豆类**
☑ **优选亚麻籽油、紫苏油**

锌

锌能够促进人体生长发育，提高人体免疫力。全蔬食者可通过食用豆类、全谷物类、坚果类、菌类等补充。

老年全蔬食者注意事项

老年人的身体功能会出现不同程度的衰退，比如胃肠蠕动减弱，容易出现食欲下降和早饱现象，造成营养缺乏，因此老年全蔬食者更应注意膳食的合理设计。

食物细软

对于有吞咽障碍的老人，食物制作要细软，进食中要细嚼慢咽，以防呛咳和误吸。

老年全蔬食者
注意事项

少量多餐

老年人消化和吸收能力会下降，而且咀嚼、吞咽能力也会下降，所以一餐吃不了多少东西。因为吃得少，所以饿得快，如果一日只吃三餐，老年人会长时间处于饥饿的状态，这对身体健康是非常不利的，因此建议老年人坚持少量多餐的进食原则。

预防贫血

随着年龄的增长，人体内的锌、铁、钙等矿物质流失速度加快，易造成贫血，建议多食用菠菜、胡萝卜、莲藕、木耳等，也可在营养师和医生的指导下，选择适合自己的营养强化食品。

足量饮水

老年人身体对缺水的耐受性下降。饮水不足会对老年人的健康造成明显影响，因此要足量饮水。每天的饮水量建议达到1500~1700毫升。应少量多次，主动饮水，尤其要多喝温热的白开水。

足够的优质蛋白

骨骼肌是身体的重要组成部分，对于维持老年人活动能力和健康状况很重要。延缓肌肉衰减的有效方法之一是增加优质蛋白质的摄入。

长期食素，会让老年人新陈代谢加快，肝肾负担减轻，身体更健康。除了上述介绍的注意事项外，以下几点也需注意。

☑ 食材选择要多样化
☑ 烹调要少油少盐
☑ 蔬菜不要切太碎
☑ 每次进餐饥饱适度

选择高钙食物

老年人容易患骨质疏松，所以平时应该多吃一些高钙食物，以延缓骨质疏松和肌肉衰减。

全植物食材清单

叶菜类

　　叶菜类蔬菜营养丰富，含有较多的维生素、类胡萝卜素、纤维素、矿物质等多种营养素，不仅可以满足身体对必需营养物质的需求，同时还可以有效地为机体补充营养，提高身体对营养物质的吸收率。

油菜

提供人体所需矿物质、维生素，其中的维生素 B₂ 含量尤为丰富，有抑制溃疡的作用。

菠菜

富含类胡萝卜素、维生素 C、维生素 K 等多种营养素。

大白菜

富含维生素、膳食纤维和抗氧化物质，热量低，能促进肠道蠕动，帮助消化。

苋菜

含有较多的铁、钙、维生素 C，民间有"七月苋,金不换"的说法。

茼蒿

有蒿之清气、菊之甘香。含有多种氨基酸及丰富的钠、钾等矿物质。

鸡毛菜

含有丰富的钙、磷、铁等营养素，质地柔嫩、味道清香。

香椿

维生素 C、维生素 E 和钙、磷等矿物质的含量均十分丰富。

生菜

含胡萝卜素、维生素 B₁、维生素 B₆、维生素 E、维生素 C、膳食纤维、镁磷钙。

根茎类、瓜茄类

　　根茎类蔬菜富含淀粉，含糖量较高，如红薯、芋头、山药、土豆等，能代替主食。瓜茄类蔬菜主要有冬瓜、丝瓜、黄瓜、苦瓜、茄子、番茄、南瓜、辣椒等。这类蔬菜含碳水化合物、维生素C、胡萝卜素较多。

芥菜	红薯	莴苣	土豆
含有B族维生素、维生素C和维生素D，有提神醒脑、解除疲劳的作用。	富含膳食纤维和抗氧化物质，有助于控制血糖，有益心脏健康。	味道鲜美，口感爽脆，能够刺激消化酶分泌，增进食欲，促进肠道蠕动，防止便秘。	含有人体所需的碳水化合物、维生素、矿物质等营养物质。

冬瓜	黄瓜	茄子	青椒
除作蔬菜外，果皮和种子均可入药，有消炎、利尿、消肿的作用。	富含维生素C、胡萝卜素和钾。	含有丰富的维生素E和维生素P。	含有丰富的维生素C，还含有胡萝卜素、钙、铁等矿物质。

豆类

豆类食物营养价值比较高，含有人体需要的植物蛋白、维生素、矿物质、微量元素，适当进食可以补益身体，促进身体健康。

红小豆	黄豆	绿豆	黑豆
含有丰富的蛋白质，能够为人体提供营养和能量，还富含钾，有利尿的作用。	所含卵磷脂是大脑细胞组成的重要部分，常吃对改善大脑机能有益。	含有钙、磷、铁、镁、锌等矿物质，可以降低血液中的胆固醇含量，降低血压。	含有丰富的蛋白质、矿物质和微量元素，能够增强人体免疫力。

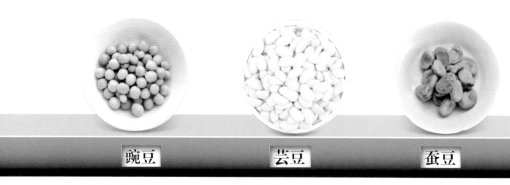

豌豆	芸豆	蚕豆
含有优质蛋白质，可以提高机体的抗病能力和康复能力，所含膳食纤维能促进大肠蠕动。	含有丰富的膳食纤维和维生素，可以养护我们的肠胃健康。	富含钙，能促进人体骨骼的生长发育。

谷物类

　　谷物类食物是对健康极为有益的一类食品，尤其受到素食者的喜爱。那么，常见的谷物类食品有哪些呢？

大米	玉米	小米	燕麦
碳水化合物的重要来源，能够为身体提供能量。	富含镁，可保护血管，所含的硒元素可以辅助降低血液黏稠度，预防"三高"。	富含维生素 B_1、维生素 B_{12} 等，可有效预防消化不良，还有养胃安眠的作用。	含有丰富的膳食纤维，有助于消化，能预防便秘，还有助于调节人体的肠胃功能。

薏米	糙米	大麦	荞麦
含有丰富的水溶性膳食纤维，可以降低血液中胆固醇含量，预防高血压、高脂血症。	所含的纤维素可以有效促进肠胃蠕动，减少有害物质沉淀，预防肠胃疾病发生。	含有维生素、纤维素、矿物质，可以有效增强身体免疫力，促进肠胃蠕动。	含有丰富的蛋白质、维生素、纤维素等，可以有效增强消化能力。

菌菇类

菌菇的营养物质十分丰富,富含蛋白质、碳水化合物、维生素、矿物质及多种氨基酸,其氨基酸含量在植物中位居前列。很多素食主义者都会通过食用菌菇来补充营养。

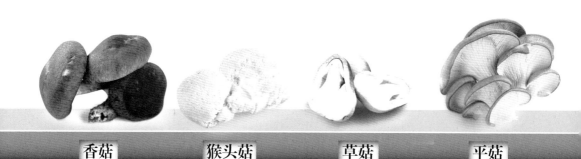

香菇	猴头菇	草菇	平菇
低脂肪、高蛋白,富含多种维生素、氨基酸,还具有较高的药用价值。	富含不饱和脂肪酸,能促进血液循环,降低胆固醇含量,提高抵抗力。	含有人体所必需的多种氨基酸,还含有磷、钾、钙等多种矿物质元素。	含有丰富的维生素及钙、磷、铁等矿物质。

金针菇	杏鲍菇	口蘑	竹荪
能有效增强机体的生物活性,促进新陈代谢,有利于食物中各种营养素的吸收和利用。	含有丰富的蛋白质、膳食纤维、多种维生素及矿物质。	有通肠理气、强身补虚的作用,经常食用还有助于降低血压及胆固醇。	含有多种氨基酸、维生素、矿物质等,具有益气补脑的作用。

　　菌菇口感鲜甜滑嫩，味道清香，因而被很多人喜爱，做法也很百变，煎、炸、焖、炖、炒等做法都很适宜。

茶树菇	鸡腿菇	牛肝菌
富含人体所需的氨基酸和矿物质元素，有平肝健脾的作用。	富含蛋白质，具有维持钾钠平衡、消除水肿、提高免疫力的作用。	含有多种营养物质，肉厚柄粗、鲜香可口，有清热养血的作用。

金钱菇	花菇	木耳	银耳
高蛋白、低脂肪，维生素 D 的含量较高，有助于体内钙的吸收。	所含的营养物质对于"三高"人群特别合适，做法多样，取其脆嫩为佳，炖汤亦可。	含有丰富的蛋白质、膳食纤维等，有补充营养、清胃涤肠的作用。	具有补脾开胃、益气清肠、安眠健胃、养阴清热的作用。

水果类

　　水果中含有人体需要的多种维生素，特别是丰富的维生素C可增强人体抵抗力，还可以促进外伤愈合，维持骨骼、肌肉和血管的正常功能等。

苹果	梨	橘子	橙子
富含果胶、维生素C及钙、磷、钾等人体所需的营养成分。	具有生津、润燥、清热、化痰的作用，对干咳、口渴、便秘等症状有帮助。	有化痰理气的作用，含有丰富的维生素C、胡萝卜素等营养物质。	含糖类、果胶、维生素C等成分，有生津止渴、助消化的作用。

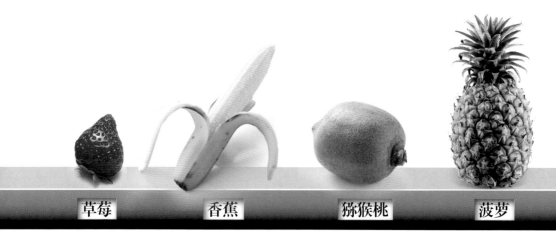

草莓	香蕉	猕猴桃	菠萝
富含多种维生素及钙、磷、钾等成分，有润肺生津、健脾和胃、补血益气、凉血解毒的作用。	所含的维生素B$_2$有助于缓解身体疲劳，所含的钾有利尿作用。	含丰富的维生素C，可清热止渴、和胃降逆、利尿通淋。	含糖类、蛋白质、维生素C等成分，可清热解暑、增进食欲、利尿消肿。

新鲜水果营养丰富，可预防动脉硬化、视网膜病变、便秘等，所以糖尿病患者不必完全排斥水果。但是，食用时也要在血糖控制稳定的前提下，尽量挑选含糖量低的水果食用。

山楂

含有丰富的糖类、蛋白质、钙、磷和维生素 C 等成分，可生津开胃、助消化。

龙眼

可以补脾益胃、养血安神，脾胃虚弱、睡眠不足的人可常吃。

荔枝

可理气、散结、止痛，同时有补脑健身、开胃益脾、促进食欲的作用。

樱桃

富含胡萝卜素、维生素 C、铁、钙、磷等成分，有益脾养胃、滋养肝肾的作用。

桃子

含有丰富的果胶和膳食纤维，可以促进肠胃蠕动，起到增进食欲、促进消化的作用。

芒果

有益胃、止呕、解渴、利尿的作用，可清肠胃、防便秘，有效预防高血压、动脉硬化。

葡萄

含有钙、钾等矿物质，以及丰富的维生素，可以补肝肾、益气血、生津液、利小便。

西瓜

含有葡萄糖、果糖、维生素 C 等物质，有清热解暑、除烦止渴、利小便的作用。

必不可少的素调味料

常用调料

　　素食注重体现原料的天然味道，所以使用的调料不多，以生抽、辣椒酱、豆瓣酱、盐等调料为主，适当添加醋、白糖、香油等调料。本书提及的调料都是从市场上购买的，如果使用的是自制生抽、豆瓣酱和辣椒酱等，要视情况增减用量。

辣椒面　可以改变菜品的味道和颜色，常与生抽、醋等混合制成调料。

竹盐　竹盐是将日晒盐放到竹筒中，用高温煅烧后提炼出来的。

生抽　一种香味独特的液体调料，可改变菜品颜色，使味道更加鲜美。

醋　可以为素食增加酸味，能够抑制细菌的生长，延长食物的保质期。可以抑制引起蔬菜褐变的酶的活性，还可以中和盐的咸味。

白胡椒粉　将白胡椒粒放入研磨盒中，盖上盖子，用搅拌棒快速打成粉末状即可。

姜麻油　将老姜磨成姜泥，起锅，加入芝麻油，小火炒香，至姜泥缩水变成金黄色，再加入白胡椒、盐，拌匀即可。

白胡椒盐　冰糖1大匙，甘草1片，肉桂5克，海盐1大匙，白胡椒粒100克，丁香5克。将所有材料放入研磨盒中，盖上盖子，用搅拌棒快速打成粉末状即可。

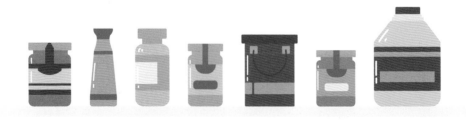

天然香料

香料是烹饪菜肴时不可或缺的一种调味品，有天然香料和人造香料之分。做素食时宜选用天然植物香料。那么，常见的天然植物香料都有哪些呢？

 花椒分为两种：青花椒和红花椒，它们的用处也是有所不同的。青花椒味道偏麻，一般在主菜或者做花椒油的时候使用；红花椒比较香，麻味不如青花椒，它一般用在爆炒类的菜中。

 八角也叫大料、大茴香。它是一种芳香型的香料，吃起来味道甘甜。它所起到的作用是增香提味。

小茴香可以在炒菜的时候用，在炒菜时加入一点小茴香，菜会变得特别香。

 香叶是一种芳香型香料，它的味道比较淡，但是在煮的时候，会越煮越香。香叶的主要作用就是给食材增香除异味。在使用香叶的时候，放两三片即可，放多了菜会有苦味。

有特殊味道的食材

有的食材有特殊的味道，能给食物增添特别的口感，比如香菜、紫苏、薄荷、罗勒等，一起了解一下。

 香菜一般作为配菜使用，做凉拌菜或者是汤类时，在里面撒点香菜，会让菜品变得更加美味。

 紫苏有白苏、红苏、黑苏、赤苏、青苏等品种，别名苏麻、水升麻、桂荏等，可供药用和香料用，种子可榨油，名为苏子油。

 薄荷又称野薄荷、夜息香，多生长在溪河旁边的湿地上，可作调味剂或香料用。

 又名九层塔、甜罗勒、金不换、兰香、圣约瑟夫草等，全株含有浓郁的香气，可泡茶、入药或用作香料。

制作香菇素蚝油

做法

1.将糯米粉和海带蔬菜高汤调匀，备用。2.将荫油放入锅中以小火加热，加入味醂、香菇粉、姜麻油拌匀。3.煮沸后再加入调好的粉汁勾芡，边煮边搅拌至酱汁呈浓稠状即可（芡汁不用全倒入）。

材料

姜麻油 15 毫升，糯米粉10 克，香菇粉 10 克，荫油50 毫升，味醂 20 克，海带蔬菜高汤 200 毫升。

制作要点

1.膏状的酱汁或蘸酱，通常会使用粳米粉或糯米粉勾芡，随之带来发霉的可能性相应也变大了，所以除了要冷藏保鲜外，取用时务必确保器具干净无水。2.香菇素蚝油适用于烩炒、红烧等烹调方式，因含有淀粉质勾芡，能扒附于菜品上，让成品色泽更为亮丽。

做好的蚝油要注意冷藏保存。

自制素鸡

　　素菜中用到素鸡的时候很多，所以在此将素鸡的做法介绍一下。素鸡以豆皮为主料，含有丰富的蛋白质，对人体非常有益。

材料

豆皮 500 克，肉蔻 2 个，八角适量，桂皮适量，生姜适量，香叶适量，纱布适量，盐适量。

做法

　　1.把豆皮松散地放入煮锅，放入桂皮、八角、生姜、肉蔻、香叶，调入盐。2.倒入没过豆皮的清水，大火煮开后关火。3.将豆皮从一边卷起。4.用纱布紧紧地包裹住豆皮。5.用棉线紧紧地缠绕，扎紧。6.重新放入锅中煮制。7.去掉包裹的纱布，取出卤好的素鸡切成厚片即可。

制作要点

　　1.包好的豆皮放入卤汁里浸泡一段时间更入味。2.豆皮捞出后控干水，用重物压几个小时。

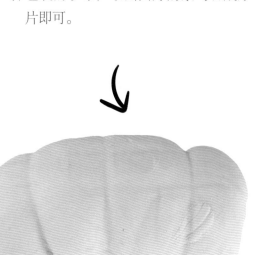

可炒着吃，也可以凉拌。

制作蔬菜高汤

海带和香菇富含谷氨酸，谷氨酸的鲜味被广泛认为是第五种基本味觉。用海带和香菇制作蔬菜高汤，再将它们捞出，与汤分别冷冻保存在冰箱里，可用于制作多种菜品。

蔬菜高汤的制作方法

蔬菜高汤的分量不同，香菇和海带的用量也不同，但是制作的步骤相同。

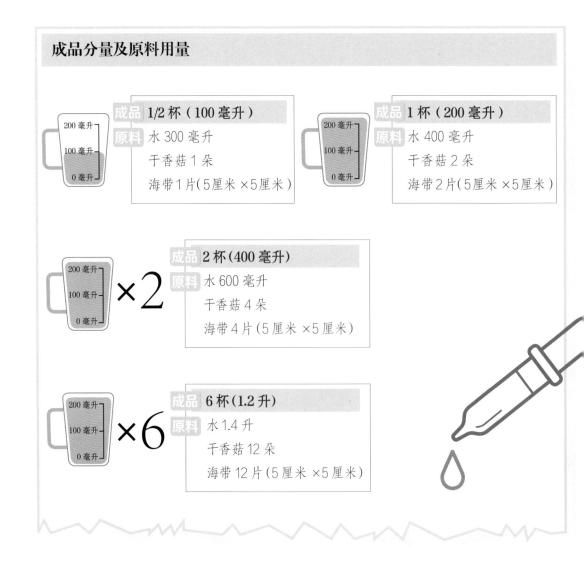

成品分量及原料用量

成品 1/2 杯（100 毫升）
原料 水 300 毫升
干香菇 1 朵
海带 1 片（5 厘米 ×5 厘米）

成品 1 杯（200 毫升）
原料 水 400 毫升
干香菇 2 朵
海带 2 片（5 厘米 ×5 厘米）

×2
成品 2 杯（400 毫升）
原料 水 600 毫升
干香菇 4 朵
海带 4 片（5 厘米 ×5 厘米）

×6
成品 6 杯（1.2 升）
原料 水 1.4 升
干香菇 12 朵
海带 12 片（5 厘米 ×5 厘米）

制作过程

步骤1

干香菇泡发并洗净，和海带一起放到锅中，加水，大火煮沸后捞出海带。

步骤2

改为小火，煮10分钟后捞出香菇。

⚠ 注意事项

1.在步骤2中，蔬菜高汤煮10分钟后，其分量会减少约200毫升，所以制作蔬菜高汤所加水的分量要比成品的分量多1杯（200毫升）。如果煮的时间长，成品的分量不够，再加入适量的水即可。

2.烹饪时，1/2杯以下的蔬菜高汤可以用水代替。

保存蔬菜高汤和捞出来的海带、香菇

1.蔬菜高汤的冷藏保存：将蔬菜高汤装入容器，密封，放入冰箱冷藏可保存7天。

2.蔬菜高汤的冷冻保存：将蔬菜高汤装入保鲜袋，放入冰箱冷冻可保存1个月（要在保鲜袋上标明冷冻的日期）。使用前需要在常温下解冻1~2小时。

3.香菇和海带的保存：将香菇切成0.5厘米厚的片，将海带切成0.5厘米宽的条，用保鲜袋或保鲜膜包裹，放入冰箱冷冻可保存7天（要标明冷冻的日期）。使用前在常温下解冻30分钟。

这款高汤味道十分鲜美。

必知加工方法

各类食材的基本切法

接下来介绍素食中常用原料的基本切法，可以作为参考。

较大的丁（0.5立方厘米）。一般用来做炒菜，比如用胡萝卜丁、黄瓜丁搭配玉米粒做菜的时候。切丁一方面是为了美观，另一方面是更容易熟透。

粗条（宽0.5厘米）。一般做凉拌菜时，切粗条可以使食材口感更脆。
细条（宽0.2~0.3厘米）。做炒菜时常切细条，这样食物更容易被加热，熟得更快。

将原料斜着切成厚约0.3厘米的片。西芹、豆角和某些菌类一般会斜切，一是为了美观，二是为了最大限度地保持其营养成分不流失。

将原料切成厚约0.3厘米的圈，一般和食材本身的形状有关，比如辣椒，切圈让食物看起来更美观。

将原料切成厚约0.3厘米的片，这是较常见的一种切法。加热时间较短的食材宜切成薄片，需要炒、爆、熘的食材则宜切厚片。

将原料斜切成厚2~2.5厘米的片，再切成边长2~2.5厘米的块。比如切土豆、胡萝卜、密度较大的菌类（如鸡腿菇）、莲藕等。

将原料竖着对半切开，再按想要的厚度切片，一般用于圆柱形食材，苦瓜、山药等都比较适合切成半圆形。

各类食材的处理方法

我们在烹饪之前都需要将食材进行初步的加工处理，不同的食材处理的方式是不一样的，采取一些技巧和方法会使食材的处理效率增加。下面为大家介绍一些处理食材的方法。

去蔫叶

择去蔬菜的黄叶和蔫叶，保留新鲜的部分，会让蔬菜口感更鲜嫩。

去根

用刀将根部切掉，有些蔬菜的根部是不能食用的，需要去根食用。

去皮

将食材用流水洗净，用刮皮器或小刀去皮，再用流水洗净。比如，吃土豆要去皮。

浸泡清洗

将蔬菜放到加了盐的水中浸泡一段时间，轻轻揉搓，再用流水冲洗 2~3 次，可以去除部分农药残留。

去瓤、去子

将蔬菜带皮洗净，对半切开，用勺子挖去瓤或子，比如南瓜、冬瓜等。

防止褐变

用加了醋的水浸泡，可以防止褐变。比如切开的茄子下锅前先用醋浸泡，可防止肉质发黄。

焯水

将食材切好后，放到沸水中焯数分钟，然后捞出过凉水、沥干。焯水是为了口感不那么生，也是为了颜色美观。

腌制

在食材中撒入少许盐，腌制数分钟，比如将带苦味的蔬菜腌制数分钟，可以去除部分苦味。有些蔬菜腌制后会脱水，口感更清脆。

碾碎

将食材用刀的侧面压碎，然后用湿布包裹，挤干，做一些馅料的时候，食材碾碎更容易入味。比如将豆腐碾碎做馅，口感会更好。

蒸

蒸能保持食物的营养成分不流失。叶菜类蒸之前要将叶片平铺，以大火快速蒸熟。根茎类则以中火转中小火慢慢蒸熟。

煮

蔬菜清洗干净后略泡水，蔬菜吃饱水后入锅，采用中小火将菜煮熟。叶菜类稍煮即可，根茎类需要的时间稍长一些。

烤

根茎类食材设定为上下火高温 170℃。可用铝箔纸包裹烘烤，熟透后再撕去铝箔纸，再次烤至表面上色。

储存得当保新鲜

各类食材正确保存方法

　　优质、新鲜的食材是做出美味菜肴的关键，食材买回来后，储存得当才能保鲜，下面就给大家介绍一下各类食材的正确保存方法。

根茎类

瓜果类

　　根茎类食材，比如土豆、南瓜、冬瓜、山药等，适合放在阴凉干燥的室内。大部分食材进冰箱都需要用保鲜膜包一下，除了隔绝空气，还能防止食材水分流失，最重要的是防止串味。

　　瓜果类食材储存的时候不可以清洗，大多数都可以放冰箱里冷藏2~7天。但不是所有水果都适合冷藏，比如葡萄、香蕉、草莓等对低温环境的适应度比较差，放久了会冻伤。

菌菇类

叶菜类

　　菌菇类食材的储存方法有两种。一是清理干净以后，在太阳下晾晒，风干以后收起来能放很久；二是清理干净后装进保鲜袋中，冷藏储存，能放5天左右。

　　叶菜类食材存放时一定要注意几点：一是不可以切完存放；二是不能带着水分存放；三是不能低于0℃以下储存。储存叶菜类食材时，要先把菜晾一下，叶片上没有水分以后再放袋子里储存，注意袋子不要扎口。

调味料保存方法

许多人用各种调味料时不讲究保存方法，这样很容易变质、变味，影响做菜的口感。那么，调味料该如何保存呢？

用玻璃瓶保存

在装入自制的调味料前，要先将容器清洗并消毒，否则容器内的细菌会将整瓶调味料污染。建议使用玻璃瓶罐，不仅没有化学反应问题，而且通过透明的玻璃还能很方便地观察调味料的色泽与变化。

调味粉类要放防潮包

保存调味粉时，可使用密封罐加上防潮包（食用干燥剂包）来减缓结块现象。

用干燥的工具取用酱料

取用酱料时使用的汤匙或筷子应干燥清洁，触碰过其他食物、沾过水的汤匙或筷子都不可拿来挖取酱料，以免混入细菌。

尽快使用完毕

自制调味料建议一次不要做太多，尽快使用完毕，因为自制品全程均未添加防腐剂，保存期限比较短。做好后应放入冰箱冷藏，实际存放时间因每种调味料的原材料与方法的不同而有所区别，建议控制调味料的制作分量，尽快使用，以免调味料变质腐败。若发现已变味或有异物产生时，应丢弃不用。

不要放在温度过高处

可室温保存的调味料，不要放在灶具或会发热的物体边，避免因温度过高引发变质。

放在恒温环境中

存放调味料建议维持恒温环境。若从冰箱拿出，使用多少拿多少，不可冷热交替，冷热交替会加速调味料腐败。使用前须拌一拌，使其均匀。

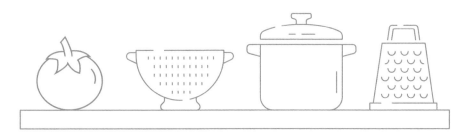

第二章 素食界的宴客硬菜

素食搭配上多种多样的做法，不仅不单调，还容易消化和吸收，让人吃起来没有负担。因此，在注重养生的今天，素食美味备受青睐，佳节宴客时也是必不可少的。本章将介绍一些素食宴客硬菜供各位读者选择。

红烧素狮子头

扫一扫
学做菜

红烧素狮子头是一道寓意团团圆圆的菜。此道菜是用香菇和口蘑等食材搭配制作而成，营养更全面。而且比起油炸，水煮的方式让食物更健康，吃起来也更鲜香。

食材

- 香菇 20 克
- 口蘑 20 克
- 马蹄 50 克
- 豆腐 150 克
- 生菜 3 片
- 五香粉适量
- 蘑菇精适量
- 盐适量
- 胡椒粉适量
- 面粉适量
- 生抽适量
- 素蚝油适量
- 淀粉适量

这样做更好吃

1. 调料用量根据食材多少做灵活调整。
2. 下锅煮丸子时，先用小火慢慢煮，等丸子定型后再开大火，把丸子煮熟。

选材小百科

马蹄可以促进肠胃的蠕动，帮助消化。挑选马蹄的时候看一下颜色，颜色越深的越脆甜，口感更好。

1 香菇洗净切成片；口蘑洗净切片；马蹄洗净去皮；生菜、豆腐洗净。

2 将切好的香菇、口蘑、豆腐放入搅馅机中打成茸状，倒入容器中。

3 马蹄切小丁，与搅打好的食材放入同一容器。

4 在馅料中加入适量五香粉、盐、蘑菇精、胡椒粉、面粉搅拌均匀。

还可以搭配其他
喜欢的蔬菜。

5 将调好的馅料
团成丸子。

6 起锅烧开水，
将生菜焯烫后
铺在盘子上。

7 锅中加水烧开
后将丸子下入
锅中煮熟，将丸子
摆入盘中。

8 另起锅烧热，
加入适量水、
生抽、盐、素蚝油、
水淀粉调成酱汁淋
在丸子上即可。

锅包山药

扫一扫
学做菜

山药是一种药食同源的食物，具有健脾养胃的作用。锅包山药这道菜酸甜适口、口感酥脆，大人孩子都爱吃。

食材
- 山药 200 克
- 青、红椒丝适量
- 姜丝适量
- 番茄酱适量
- 盐适量
- 白糖适量
- 生抽适量
- 淀粉适量
- 植物油适量

这样做更好吃

山药经焯烫可以去除大部分涩味，但焯水时间不要太长，如果山药焯水时间太长会导致口感下降、营养成分流失。

选材小百科

挑选山药的时候可以掰开一点山药的外皮，肉质呈白色、汁液黏稠的山药是比较新鲜的。肉质呈红色，汁液如水的则是被冻过的山药。

1 山药洗净去皮，切厚片备用。

2 将山药放入热水中焯烫断生，过凉水备用。

3 山药表面均匀裹上淀粉，在油锅中炸2分钟捞出。

外酥里糯，口感
十分丰富。

4 另起锅烧热，将炸好的山药放入锅中小火煎至金黄，捞出摆盘。

5 在锅中加入适量水、植物油、番茄酱、白糖、盐、生抽、水淀粉，调成黏稠汤汁淋在炸山药上。

6 将青、红椒丝和姜丝均匀撒在山药片上即可。

宫保素鸡丁

扫一扫
学做菜

这道菜色泽诱人，口感滑嫩，花生爽脆，是一道超级下饭菜。这道宫保素鸡丁用杏鲍菇制作而成，虽然是一道素菜，但营养丰富、十分美味。

食材

- 杏鲍菇 1 根
- 梨半只
- 豌豆 20 克
- 花生仁适量
- 豆瓣酱适量
- 白糖适量
- 干辣椒适量
- 淀粉适量
- 植物油适量
- 生抽适量

这样做更好吃

1. 豆瓣酱和几种调味料做的酱料一定要炒出香味后，再加水，这样的汤汁才够鲜香。

2. 杏鲍菇炸制时间不宜过长，否则会失去软嫩的口感。

食材小百科

杏鲍菇因其具有杏仁的香味和菌肉肥厚如鲍鱼的口感而得名，营养丰富，具有增加食欲、促进消化、补充营养的作用。

1 杏鲍菇洗净切丁；花生仁和豌豆洗净；梨洗净去皮，切成小块。

2 杏鲍菇丁表面均匀裹上淀粉。

3 锅中加入适量植物油，烧至七成热后加入杏鲍菇炸至金黄捞出备用。

不喜欢吃辣可以不放干辣椒。

4 将杏鲍菇、梨块、花生仁、豌豆一同加入锅中炸1分钟捞出备用。

5 锅留少量油，加入适量豆瓣酱，炒出香味后，加适量水，加入适量白糖、生抽和水淀粉。

6 待汤汁浓稠，加入所有食材，翻炒均匀，最后加入干辣椒翻炒一下即可。

麻辣香锅

扫一扫
学做菜

麻辣香锅以麻、辣、鲜、香为特点，口味多样化，多种食材任意搭配，备受人们喜爱。

食材

- 娃娃菜 100 克
- 莲藕 300 克
- 干木耳 10 克
- 干腐竹 10 克
- 荷兰豆 5 克
- 菜花 6 朵
- 西蓝花 6 朵
- 素毛肚 20 克
- 素肉 20 克
- 蟹腿菇 10 克
- 香菇 10 克
- 平菇 10 克
- 杏鲍菇半根
- 郫县豆瓣酱适量
- 生抽适量
- 盐适量
- 植物油适量
- 干辣椒适量
- 花椒适量
- 蘑菇精适量
- 花生碎适量

这样做更好吃

1. 喜欢吃香菜的人也可以在菜品出锅前放一些香菜增加香味。
2. 调料用量根据食材多少做灵活调整。

选材小百科

市面上已洗好、卖相佳的莲藕可能经过化学制剂的浸泡，颜色较白，不建议购买。正常的莲藕外皮光滑且呈黄褐色，如果发黑或有异味，也不建议选购。

1 干木耳泡发撕小朵；干腐竹泡发切段；莲藕去皮切片；素毛肚洗净；香菇、杏鲍菇洗净切片；蟹腿菇、平菇洗净撕小朵。

2 菜花、西蓝花、荷兰豆、娃娃菜分别洗净备用；素肉切条。

3 锅中加水烧开，将一部分平菇、蟹腿菇、香菇片、杏鲍菇片放入水中焯烫 2 分钟，沥干水备用。

可依个人口味
加入土豆、金针菇
等食材。

4 将剩余蔬菜放入水中焯熟。

5 锅中加入适量植物油，烧至七成热时加入另一部分菇类和素肉，炸至金黄捞出。

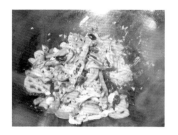

6 另起油锅，加入花椒、干辣椒、郫县豆瓣酱炒出香味，加入所有食材，调入盐、蘑菇精、生抽，炒匀，最后撒一些花生碎即可。

番茄素牛腩

扫一扫
学做菜

　　这道菜食材简单，吃起来口味酸甜，开胃下饭。素牛肉也很有嚼劲，番茄汁的浸泡让这道菜更好吃。

食材

- 番茄 1 个
- 香菇 10 克
- 口蘑 10 克
- 蟹腿菇 10 克
- 素牛肉 200 克
- 魔芋丝 10 克
- 金针菇 10 克
- 干木耳适量
- 淀粉适量
- 盐适量
- 蘑菇精适量
- 植物油适量

这样做更好吃

做番茄素牛腩前，可以用热水烫去番茄的外皮，食用时口感会更好。

选材小百科

购买番茄时可以观察一下番茄的顶部，如果番茄的顶部是凹陷下去的就是自然成熟的番茄，而顶部凸出来的可能就是人工催熟的番茄，在购买时注意避开那些顶部有凸起的番茄。

1 香菇、口蘑、金针菇、蟹腿菇、番茄、魔芋丝洗净；香菇、口蘑、切片；蟹腿菇切段；番茄切块；干木耳泡发，撕小朵。

2 锅中烧开水，香菇、口蘑、蟹腿菇、金针菇、魔芋丝、木耳焯水2分钟后捞出沥水。

3 将素牛肉洗净，沥干水分，切成小块，裹一层淀粉。

4 锅中热油，将素牛肉放入锅中炸2分钟捞出。

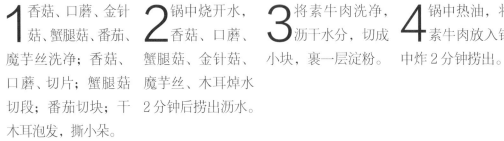

素牛肉切小一点更容易入味。

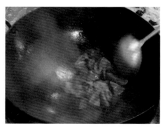

5 另起锅烧油，将番茄倒入锅中翻炒，加适量水。

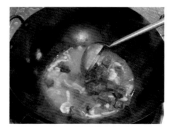

6 倒入焯好的食材和素牛肉炖煮几分钟。

7 调入适量盐、蘑菇精，盛出即可。

果仁荔浦芋头

扫一扫
学做菜

这道菜是从拔丝菜改良而来的，熟果仁为这道菜增添了酥脆口感，好吃到停不下来。

食材
- 荔浦芋头 1 个
- 植物油适量
- 花生仁适量
- 淀粉适量
- 白糖适量

这样做更好吃

1. 花生仁换成瓜子仁，也别有一番风味。
2. 花生仁可以提前在锅中炒熟或在烤箱中烤至酥脆，这样做出的果仁酥香，口感更佳。
3. 炸芋头时，先用小火炸至芋头浮上来，再用大火炸，这样炸出来的芋头外酥里嫩。

选材小百科

应选择颜色较深的芋头，表皮完整无芽种、带着泥巴的为佳品。两个个头差不多的荔浦芋头，应选择较轻的一个，因为这样的芋头含有的水分较少，口感更甜。

1 将芋头去皮后切成形状均匀的条块；花生仁擀碎。

2 将芋头倒入开水中焯烫 3 分钟后捞出。

3 在芋头表面均匀地裹上一层淀粉。

4 锅中烧热油，油温六成热时，将芋头倒入锅中炸至金黄捞出。

果仁的香酥加上芋头的软糯，口感非常棒。

5 将锅洗净，在锅中倒少许水，加入白糖，慢慢熬至融化，直至糖变成深棕色。

6 将炸好的芋头倒入锅中，使之均匀地裹上糖液。

7 将芋头倒入盛有花生仁的碗中翻搅，让花生仁均匀地粘在芋头表面即可。

素蟹黄豆腐

扫一扫
学做菜

此道素蟹黄豆腐用素蟹黄酱和南豆腐制成，成菜后，豆腐白嫩，咸中带鲜，鲜香可口，别具风味。

食材

- 南豆腐 500 克
- 淀粉适量
- 植物油适量
- 素蟹黄酱适量

注意事项

1. 南豆腐易碎，切的时候要小心。
2. 炖豆腐时要用小火，大火容易粘锅。

营养小百科

豆腐营养丰富，含有铁、钙、磷、镁等人体必需的多种营养元素，还含有丰富的优质蛋白，素有"植物肉"之美称。

1 将南豆腐切成方块。

2 将豆腐块放入开水中焯烫1分钟，捞出备用。

素蟹黄酱可以购买成品，也可以自己制作。

3 另起锅烧油，将素蟹黄酱倒入，加入适量水，顺时针搅拌，大火煮至冒泡。

4 锅中放入焯水后的豆腐炖煮3分钟。

5 加入水淀粉勾芡，保持小火收汁即可。

芋头素扣肉

扫一扫
学做菜

这道芋头素扣肉是用芋头和素五花肉制作而成的，入口软糯不油腻，好吃过瘾，味道鲜美，还可以滋补身体。

食材

· 素五花肉 300 克
· 荔浦芋头 1 个
· 生抽适量
· 盐适量
· 素蚝油适量
· 植物油适量
· 淀粉适量

营养小百科

荔浦芋头肉质细嫩，具有特殊风味，这种芋头个头比较大，质地松软，品质上乘，具有调理肠胃、增强免疫力等作用。

这样做更好吃

芋头片在炸之前可以先放入清水中清洗两次，洗去多余的淀粉，这样可以使芋头口感更脆。

1 素五花肉切成稍厚一点的片状，中间切开，注意不要切断。

2 芋头去皮后，切成和素五花肉大小相当的片状。

3 锅中烧油，将芋头片放入锅中炸2分钟捞出。

将芋头换成杏鲍菇，也是非常不错的选择。

4 将芋头片塞入素五花肉中间，摆入盘中，再放入蒸锅中蒸5分钟。

5 另起锅，加入适量水、生抽、盐、素蚝油、水淀粉，搅拌至汤汁浓稠。

6 将汤汁浇到菜上即可。

贵州酸汤素鱼

扫一扫
学做菜

酸汤鱼是一道酸酸辣辣的重口味菜，该菜品酸香鲜美，微辣不腻。我们这道酸汤鱼是用素鱼制作的，复刻了鱼肉软嫩、鲜香的特点，让素食人群也能大饱口福。

食材

- 素鱼 1 个
- 酸菜 20 克
- 金针菇 20 克
- 魔芋丝 20 克
- 干腐竹 20 克
- 干木耳 10 克
- 植物油适量
- 泡椒适量
- 盐适量
- 蘑菇精适量
- 白胡椒粉适量
- 高汤适量

这样做更好吃

酸菜不宜煮时间太长，以免影响其脆嫩的口感。

营养小百科

木耳中的胶质可把残留在人体消化系统内的灰尘、杂质吸附和集中起来排出体外，从而起到清胃涤肠的作用；腐竹中含有丰富的钙和蛋白质，并且钙、磷比例适中，有助于人体吸收。

1 素鱼切厚片；金针菇洗净，撕成条。

2 魔芋丝洗净；干木耳泡发后洗净，撕成小朵；干腐竹泡发后洗净，切段。

3 锅中烧水，将腐竹、木耳、魔芋丝、金针菇放入锅中焯水。

4 锅中烧油，将素鱼片放入锅中炸至金黄捞出。

还可以用茄子切厚片炸至金黄代替素鱼，别有一番风味呦。

5 锅中放入适量油，加入泡椒炒香，再倒入酸菜翻炒。

6 将高汤倒入锅中，加入焯好的蔬菜一起煮。

7 调入适量盐、蘑菇精、白胡椒粉，最后加入炸好的素鱼略煮即可。

黑椒牛肝菌

扫一扫
学做菜

牛肝菌是云南的特产，入口弹韧，非常好吃，因其加热后会变成牛肝一样的颜色，因而取名牛肝菌。

食材
- 牛肝菌 1 朵
- 莴笋 50 克
- 胡萝卜半根
- 黑胡椒适量
- 植物油适量
- 盐适量
- 蘑菇精适量

这样做更好吃

1.处理好的牛肝菌可用淡盐水浸泡10分钟左右，这样可以起到杀菌的效果。如果表面的泥土比较多，可以用淘米水浸泡。

2.浸泡后的新鲜牛肝菌可以用流动的清水冲洗，这样可以将菌伞褶皱里面的泥沙清洗干净。

营养小百科

牛肝菌中含有丰富的膳食纤维，可以促进胃肠蠕动，帮助排便，有防治便秘的作用。

1 将牛肝菌洗净切片。

2 莴笋洗净去皮，切片；胡萝卜洗净，切片。

3 锅中烧水，将牛肝菌放入锅中焯水1分钟捞出。

4 另起锅烧油，加入适量黑胡椒炒香。

牛肝菌肉质细腻，
口感鲜美，也可用来
煲汤。

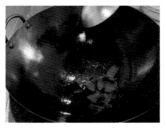

5将牛肝菌倒入锅中
翻炒。

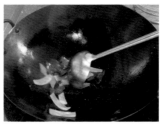

6将胡萝卜片和笋片倒
入锅中一起翻炒。

7在锅中加入适量盐和
蘑菇精，翻炒均匀
即可。

竹燕窝烩腐皮

扫一扫
学做菜

竹燕窝是一种常见的滋补品，不但外形好看，而且吃起来味道还非常不错。这道菜以竹燕窝和腐皮为主要食材，色泽鲜亮、口感脆嫩、汁浓味厚、食之不腻，是宴客的不错选择。

食材

- 竹燕窝 100 克
- 腐皮 30 克
- 青椒丁适量
- 蘑菇精适量
- 胡椒粉适量
- 盐适量
- 蒸鱼豉油适量
- 辣椒酱适量
- 生抽适量
- 淀粉适量

注意事项

竹燕窝吃之前先用清水泡开，不要浸泡太久，半个小时左右即可。然后在流动水下面仔细清洗，去掉其中的昆虫和杂质。

营养小百科

竹燕窝营养丰富，有促进消化、健脾养胃的作用；腐皮浓缩了黄豆中的精华，蛋白质和铁、钙、磷、镁等多种营养元素的含量丰富，可促进骨骼发育。

1 将竹燕窝洗净，去蒂和残留的杂质。

2 腐皮洗净。锅中烧水，将腐皮倒入锅中焯水1分钟捞出。

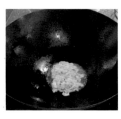

3 另起锅，加入适量水，将腐皮倒入锅中煮一会儿。

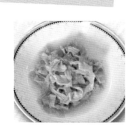

4 腐皮盛入盘中备用。

竹燕窝的吃法丰富，还可用来炖汤或制成凉拌菜等。

5 锅中加适量水，将竹燕窝倒入锅中煮1分钟，捞出沥水。

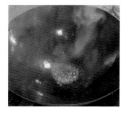

6 另起锅，加入蒸鱼豉油、辣椒酱、青椒丁炒香。

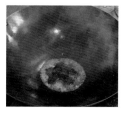

7 锅中加入适量水，将竹燕窝倒入锅中煮。

8 加入适量生抽、蘑菇精、盐、胡椒粉调匀，最后加入水淀粉勾芡，倒入盛腐皮的盘中即可。

水煮素培根

扫一扫
学做菜

水煮肉片因其香辣的口感受到许多人的青睐，适度吃辣不仅能开胃、增进食欲，还有一定的杀菌效果。这道水煮素培根是参照水煮肉片的方法来制作的，成菜入口鲜香、麻辣，吃起来非常过瘾。

食材

- 素培根 6 片
- 莴笋 20 克
- 莲藕 20 克
- 西蓝花 3 朵
- 干木耳 10 克
- 干海带 10 克
- 腐皮 10 克
- 植物油适量
- 干辣椒适量
- 辣椒酱适量
- 花椒适量
- 淀粉适量

这样做更好吃

1. 干辣椒和花椒可以先用小火慢慢焙干，焙出香味，焙过的干辣椒、花椒剁碎以后撒在素培根片上，吃起来焦香满口，十分美味。
2. 可以按照个人喜好，选择时令蔬菜。

营养小百科

海带中含有丰富的纤维素，适当食用可以有效帮助人体清除肠道内废物；莲藕微甜而脆，是老幼妇孺、体弱多病者的滋补佳珍，具有清热凉血、止血补血、减肥等作用。

1 莲藕、莴笋洗净，去皮切片；干木耳泡发撕成小朵；干海带泡发切宽条；西蓝花洗净；腐皮洗净。

2 锅中倒入适量油，烧至七成热时，放入素培根炸 1 分钟后捞出。

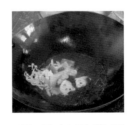

3 另起锅烧开水，放入莴笋、木耳、海带、莲藕、西蓝花、腐皮焯一会儿，捞出沥水。

4 起锅烧油，放入干辣椒和辣椒酱炒香，加入适量水烧开，将干辣椒捞出。

喜欢麻辣口味的可将花椒换成麻椒，或加入麻椒油。

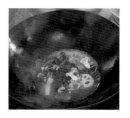

5 将焯好的食材倒入锅中煮一会儿后捞出备用。

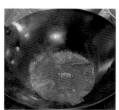

6 再将炸好的素培根倒入锅中，加入适量水淀粉煮一会儿。

7 将素培根和汤一同倒入碗中。

8 另起锅烧油，加入花椒、干辣椒爆香，淋在菜上即可。

鱼香素肉丝
扫一扫
学做菜

此道鱼香素肉丝成菜色泽红润，吃起来咸甜酸辣，非常下饭。

食材

- 素肉丝 200 克
- 胡萝卜半根
- 莴笋 50 克
- 干木耳 10 克
- 竹笋 50 克
- 植物油适量
- 盐适量
- 白糖适量
- 陈醋适量
- 生抽适量
- 蘑菇精适量
- 辣椒酱适量
- 淀粉适量

这样做更好吃

1. 炒这道菜要猛火快炒，火要够大，这样炒出来比较好吃。
2. 蔬菜也可以选用青椒、红椒等，根据自己的口味进行调整。注意切丝的大小要一致，以便烹饪时更好地掌控火候。

选材小百科

在挑选竹笋的时候不要买太大的竹笋，从根部到顶端最好不要超过 30 厘米。竹笋太大，根部纤维化会比较严重，根部要切掉很多才能食用，竹笋的味道也不好。

1 素肉丝洗净；胡萝卜、莴笋、竹笋洗净去皮，切丝；干木耳提前泡发并洗净。

2 在素肉丝表面均匀裹一层淀粉。

3 锅烧热油，将素肉丝倒入锅中炸2分钟。

4 另起锅烧水，将莴笋丝、胡萝卜丝、竹笋丝、木耳放入锅中焯水。

色香味俱全，
是宴客首选的
一道佳肴。

5 锅中放入适量油，加
入辣椒酱炒香。

6 倒入焯好的食材翻
炒，加适量水。

7 下入素肉丝、盐、蘑
菇精、白糖、陈醋、
生抽炒匀即可。

京酱素肉丝

扫一扫
学做菜

这道菜做法简单，成菜咸甜适中，酱香浓郁，风味独特。

食材

· 素肉丝 300 克
· 豆皮 200 克
· 植物油适量
· 甜面酱适量
· 黄瓜丝适量

这样做更好吃

1. 不喜欢吃豆皮的朋友，也可以将豆皮换成饼皮。
2. 可依个人口味加入其他蔬菜，如香菜、生菜等。

摆盘小技巧

可以在素肉丝表面撒一些香菜碎和胡萝卜丝点缀，使这道菜的颜色更丰富。

1 素肉丝洗净；豆皮洗净。

2 起锅烧油，将素肉丝倒入锅中翻炒一会儿，盛出备用。

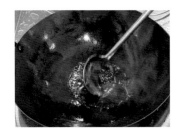

3 另起锅，锅中加入适量油，倒入一勺甜面酱炒香。

可以在炒好的素肉丝上撒一些熟芝麻。

4 锅中加入适量水，熬制成酱汁，再倒入炒好的素肉丝翻炒均匀。

5 将豆皮切成大小相同的小块，与黄瓜丝摆入盘中，再将炒好的素肉丝盛出装盘即可。

素辣子鸡

扫一扫
学做菜

这道菜用猴头菇制成，成菜色泽棕红油亮，麻辣浓香，爱吃辣的人一定要试试。

这样做更好吃

1.先炒花椒，再炒干辣椒，因为花椒出香味较慢，先炒可避免花椒不香，而干辣椒却糊了的情况，注意炒的时候要用小火。

2.想要外酥里嫩的口感，可以将猴头菇复炸，复炸的油温要高于初炸。

选材小百科

在选购猴头菇时，如果猴头菇整体呈现不自然的白色，一般是用化学物品处理过的，不宜购买。

1 青椒洗净去子，去蒂，切成块；猴头菇洗净，切成小块，焯水后挤干水用淀粉抓匀。

2 锅中烧油，将猴头菇下入锅中，炸至金黄。

3 再将青椒块、花生仁下入锅中炸10秒钟，与猴头菇一起捞出。

香辣酥脆，入口鲜香。

4 另起锅烧油，加入适量花椒、干辣椒炒香。

5 放入炸好的食材翻炒，再加入适量盐、胡椒粉、蘑菇精、香油。

6 翻炒均匀后即可盛出。

孜然素肉

扫一扫
学做菜

这道孜然素肉以大豆蛋白肉、香菜为主要原料，加入孜然粉、辣椒粉等多种调料做成。这道菜的特点是外焦里嫩、鲜香美味、易消化。

食材

- 大豆蛋白肉 300 克
- 香菜 50 克
- 植物油适量
- 胡椒粉适量
- 孜然粉适量
- 辣椒粉适量
- 白芝麻适量
- 淀粉适量
- 盐适量

这样做更好吃

1. 香辛调料要用小火炒出香味。
2. 香菜和芝麻在快要出锅的时候再放，用余温翻炒均匀即可。

摆盘小技巧

可以在盘底铺点生菜，这样比较好看。

1 大豆蛋白肉泡发，挤一下水分；香菜择洗干净，切碎。

2 在大豆蛋白肉表面裹一层干淀粉。

3 锅中加入适量油，烧至七成热，将大豆蛋白肉放入锅中，炸至金黄后捞出。

浓郁的孜然香味，
让人食欲大增。

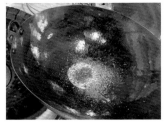

4 另起锅烧油，在锅中
加入适量孜然粉、辣
椒粉、胡椒粉炒香。

5 将炸好的大豆蛋白肉
倒入锅中翻炒。

6 撒上适量盐、白芝麻、
香菜碎，翻炒均匀后
即可盛出。

香煎素牛排

扫一扫
学做菜

　　这道菜以素牛排为主料，素牛排是一种高蛋白、低脂肪，口感与肉相似的豆制品。这道香煎素牛排与真牛排不但造型相似，味道也同样不逊色。

食材

· 西蓝花 2 朵
· 素牛排 200 克
· 植物油适量

食用时可撒一些
黑胡椒粉。

❶西蓝花、素牛排洗净备用。

❷西蓝花在热水中焯熟,备用。

❸平底锅中加入适量植物油。

❹将素牛排放入锅中煎3~5分钟。

❺素牛排切条摆入盘中，西蓝花摆放在牛排旁即可。

素佛跳墙 扫一扫 学做菜

　　佛跳墙，又名满坛香、福寿全，是福建福州的经典名菜，属闽菜系。原料有海参、鲍鱼、鱼翅、花胶等各种名贵食材。素佛跳墙选用菌菇代替荤菜，各食材的味道巧妙融合，味中有味。

食材

· 娃娃菜 20 克
· 干榆耳 10 克
· 干巴西菇 2 朵
· 干花菇 2 朵
· 干羊肚菌 1 朵
· 干松茸 2 朵
· 干竹荪 20 克
· 盐适量

菌菇中吸满了汤汁，吃起来清爽又有嚼劲。

❶ 干榆耳、干巴西菇、干花菇、干羊肚菌、干松茸、干竹荪用温水泡发。

❷ 娃娃菜洗净，在沸水中焯烫20秒，捞出铺在瓦罐底部。

❸ 将泡发的食材铺在娃娃菜上。

❹ 将泡发菌菇的水过滤后倒入瓦罐中。

❺ 将瓦罐盖上盖子放入蒸箱中蒸20分钟，调入适量盐即可。

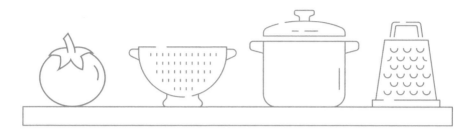

第三章　创意快手家常素菜

本章为大家分享一些做法简单、快速上手的家常素菜，每天换着花样做，营养全面又美味，让人百吃不腻。

清炒儿菜

扫一扫
学做菜

清炒儿菜的主要食材是儿菜、木耳，口感爽脆，制作方法简单，初学者也很容易上手。

食材

· 儿菜 200 克
· 干木耳 10 克
· 盐适量
· 橄榄油适量

还可以加上胡萝卜，让这道菜的色彩更加丰富。

❶干木耳泡发后清洗干净，撕成小朵；儿菜洗净后切片。

❷木耳和儿菜在锅中焯烫，捞出过凉水。

❸锅中放入适量橄榄油，加入焯烫好的蔬菜，大火快炒，调入适量盐，翻炒均匀即可。

富贵西蓝花

扫一扫
学做菜

做一盘好看好吃、营养又健康的富贵西蓝花，不仅能够满足味蕾的需求，而且在视觉上也是一种享受。

· 西蓝花 15 朵
· 素肉 50 克
· 植物油适量
· 素蟹黄酱适量
· 淀粉适量

这是一道造型别致、寓意吉祥的菜。

❶西蓝花洗净；素肉切成丁。

❷西蓝花在沸水中焯熟，过凉水后装入盘中备用。

❸素肉丁在油锅中炒熟，盛出备用。

❹另起锅，加入素蟹黄酱、水，搅匀后加入水淀粉，再放入素肉丁。

❺待汤汁浓稠后，淋在西蓝花上即可。

香辣豆笋

扫一扫
学做菜

豆笋是以黄豆为原料制作而成，营养丰富、味道醇香，做成香辣口味，吃起来爽辣又下饭。

食材

· 干豆笋 50 克
· 干木耳 10 克
· 香芹 5 克
· 小米辣椒 1 根
· 辣椒酱适量

豆笋热量较低，适合减肥期间食用。

❶干豆笋、干木耳泡发并洗净；香芹择洗干净，切段；小米辣椒洗净切段。

❷将木耳和豆笋放入沸水中焯2分钟，捞出备用。

❸锅烧热，加入辣椒酱，炒香后加入焯好的木耳和豆笋，翻炒均匀。

❹加入切好的香芹和小米辣椒，翻炒均匀即可。

虎皮尖椒

扫一扫
学做菜

虎皮尖椒是以尖椒为主要食材制作而成，外脆内软，酸辣十足，做法也比较简单。

食材

· 尖椒 3 根
· 盐适量
· 白糖适量
· 植物油适量
· 陈醋适量
· 生抽适量
· 素鸡精适量

此菜简单易学，且非常下饭。

❶将尖椒洗净，去蒂，去子，切成段。

❷锅中热油，将尖椒放入锅中炸2分钟。

❸另起锅，将炸好的尖椒在油锅中稍微煎一会儿。

❹在锅中加入适量盐、白糖、陈醋、生抽、素鸡精，翻炒均匀即可。

温润如玉

扫一扫
学做菜

这道菜以山药为主要食材，山药就像是蔬菜中温润如玉的谦谦君子，修长的身形，色泽洁白如玉，口感细腻滑爽，搭配香芹、香干、荷兰豆，更是别具风味。

食材

· 山药 100 克
· 香干 50 克
· 香芹 20 克
· 荷兰豆 10 克
· 植物油适量
· 盐适量

口味清淡、开胃减脂，非常适合夏季食用。

❶ 山药洗净，去皮后切片；香芹择洗干净后切段；香干切段；荷兰豆洗净切段。

❷ 将所有食材放入沸水中焯熟断生。

❸ 起锅烧油，将所有食材倒入锅中大火翻炒。

❹ 加入适量盐炒匀装盘即可。

竹笋煨豆腐

扫一扫
学做菜

竹笋味道鲜美，豆腐细腻入味，二者搭配，营养丰富，低脂又健康。

食材

· 豆腐 300 克
· 竹笋 200 克
· 菠菜 50 克
· 植物油适量
· 辣椒酱适量

也可加入香菇
提鲜。

❶竹笋去皮后切成片；豆腐用手掰成大块；菠菜择洗干净。

❷锅中烧开水，先将竹笋放入锅中煮3分钟，再将豆腐放入锅中一起煮2分钟。

❸起锅烧油，在锅中加入适量辣椒酱，炒香后加入适量水。

❹将所有食材倒入锅中一起煮3~5分钟即可。

清炒豆尖

扫一扫
学做菜

清炒豆尖，色泽清新翠绿，嚼在口中很是清爽，营养健康又美味，制作起来也比较简单，对于厨房新手来说非常友好。

食材

· 豆尖 200 克
· 盐适量
· 植物油适量

豆尖味道清新，凉拌也很好吃。

❶豆尖择洗干净，备用。

❷将豆尖放入沸水中焯烫几秒钟，捞出，沥干水备用。

❸起锅烧油，将豆尖倒入锅中，加适量盐翻炒均匀即可。

干锅花生芽

扫一扫
学做菜

　　花生芽也叫长寿芽,有很高的营养价值,可以生吃、爆炒、凉拌,吃法很多,很受大众喜爱。

食材

- 花生芽 100 克
- 香芹 20 克
- 素肉 50 克
- 小米辣椒 1 根
- 杭椒 1 根
- 辣椒酱适量
- 植物油适量
- 盐适量

花生芽口感清脆,非常好吃。

❶花生芽去尾、去皮,洗净备用。

❷素肉切条;香芹择洗干净,切段;杭椒和小米辣椒洗净切段。

❸锅中热油,将花生芽放入锅中炸至断生。

❹捞出花生芽,将素肉倒入锅中炸2分钟。

❺另起锅,加适量水和辣椒酱,炒香后加花生芽、香芹段、辣椒段翻炒。

❻加入盐和少量水翻炒,再将素肉加入锅中翻炒均匀即可。

风味菌菇

扫一扫
学做菜

这道风味菌菇与平菇的传统吃法不同，先将平菇炸至焦香酥脆，再与香芹搭配，别有一番风味。

食材

· 平菇 200 克
· 香芹 20 克
· 植物油适量
· 淀粉适量
· 干辣椒适量
· 孜然粉适量
· 盐适量

可根据个人口味撒入辣椒面。

❶平菇洗净，撕成小朵，挤去水分；香芹择洗干净，切小段。

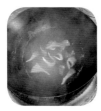

❷锅中烧水，将平菇倒入沸水中焯水。

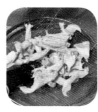

❸在平菇表面均匀裹一层淀粉。

❹起锅烧油，油温六成热时下入平菇，炸至平菇表面金黄捞出。

❺另起锅，将香芹、干辣椒倒入锅中炒香。

❻将炸好的平菇倒入锅中，加入适量孜然粉和盐翻炒均匀即可。

风味茄子

扫一扫
学做菜

风味茄子吃起来茄皮酥酥的，茄肉嫩嫩的，酸甜的口感中稍带一丝辣意，非常下饭。

食材

· 长茄子2根
· 植物油适量
· 淀粉适量
· 白糖适量
· 陈醋适量
· 生抽适量
· 盐适量
· 辣椒粉适量

也可点缀一些香菜碎。

❶长茄子洗干净，切成滚刀块。

❷在茄子表面裹一层淀粉。

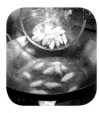

❸油锅烧热，茄子倒入锅中炸至金黄，盛出备用。

❹另起锅，加入适量水、白糖、陈醋、盐、生抽、辣椒粉，搅拌均匀。

❺待汤汁浓稠，加入茄子翻搅均匀即可。

核桃仁炒时蔬

扫一扫
学做菜

新鲜的核桃仁口感清脆，既可以生吃，还能用来烹饪和制作甜点，是一种非常营养且美味的食品。

食材

· 干木耳 10 克
· 胡萝卜半根
· 荷兰豆 20 克
· 鲜百合 10 克
· 鲜核桃仁 30 克
· 盐适量
· 素鸡精适量
· 植物油适量

核桃仁清脆甘甜，搭配木耳和荷兰豆非常脆爽。

❶干木耳提前泡发，撕成小朵；荷兰豆择洗干净，切断；胡萝卜洗净，切片。

❷鲜核桃仁洗净去皮；鲜百合洗净，掰成小片。

❸锅中烧热水，将木耳、胡萝卜放入沸水中焯烫1分钟。

❹将核桃仁、荷兰豆、百合放入水中焯烫。所有食材捞出，过凉水备用。

❺锅中烧油，将所有食材倒入，加入盐、素鸡精和适量水，炒匀即可。

糖醋茄排

扫一扫
学做菜

　　这道菜是以茄子为主料，以甜辣酱、白糖、陈醋等调味品为辅料制作而成的，打开了茄子的新吃法，是一道色香味俱全的快手菜。

食材

· 长茄子1根
· 甜辣酱适量
· 白糖适量
· 淀粉适量
· 陈醋适量
· 植物油适量
· 青椒丝适量
· 姜丝适量

味道酸酸甜甜，
十分开胃。

❶长茄子洗干净切成片。

❷在长茄子片表面裹一层淀粉。

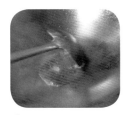

❸将茄子片放入热油锅中煎至两面金黄，捞出备用。

❹另起锅，倒入适量甜辣酱，炒香后加入适量水、白糖、陈醋、水淀粉。

❺待汤汁浓稠，淋到煎好的茄子上，加上青椒丝和姜丝点缀即可。

杭椒炒豆皮
扫一扫
学做菜

杭椒炒豆皮是很常见的一道菜，筋道的豆皮和香脆的杭椒一起爆炒非常下饭。

食材

· 杭椒 2 根
· 豆皮 300 克
· 辣椒酱适量
· 植物油适量
· 豆豉适量
· 盐适量

也可加入胡萝卜等喜欢的蔬菜。

❶ 豆皮切成条；杭椒洗净切小块。

❷ 锅中烧水，将豆皮放入锅中焯烫1分钟，捞出备用。

❸ 另起锅烧油，加入杭椒和盐翻炒，断生后盛出。

❹ 锅中加适量豆豉、辣椒酱，炒香后加豆皮、水，炖煮2分钟。

❺ 最后将炒好的杭椒倒入锅中，翻炒均匀即可。

黑胡椒素牛排

扫一扫
学做菜

素牛排是用豆制品制作而成的，造型与牛排相似，营养价值较高。

食材

· 素牛排3片
· 西蓝花3朵
· 青椒丁适量
· 黑胡椒粉适量
· 生抽适量
· 淀粉适量
· 盐适量
· 植物油适量

可搭配小番茄、秋葵等一同食用。

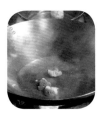

❶分别将西蓝花和素牛排洗净。

❷锅中烧开水，将西蓝花放入锅中焯烫2分钟后捞出装盘。

❸油锅烧热，将素牛排放入，炸3分钟后装盘备用。

❹锅留底油，加适量水、黑胡椒粉、盐、生抽、青椒丁、水淀粉，搅匀。

❺待汤汁浓稠，淋到牛排上即可。

素火爆腰花

扫一扫
学做菜

这道菜是将杏鲍菇切成腰花形状，辅以木耳、青椒等食材，不仅色泽诱人，口感也非常丰富。

食材

- 干木耳 10 克
- 杏鲍菇 2 根
- 青椒 1 根
- 香芹 10 克
- 辣椒酱适量
- 素蚝油适量
- 素鸡精适量
- 生抽适量
- 盐适量
- 植物油适量

❶干木耳提前泡发，撕成小朵；杏鲍菇洗净，切花刀。

爆炒后的杏鲍菇肉质饱满、口感嫩滑。

❷青椒洗净切成小块；香芹择洗干净，切成段。

❸锅中烧水，放入杏鲍菇和适量盐，2分钟后捞出。

❹锅中热油，将杏鲍菇倒入锅中大火爆炒，除去多余水分。

❺另起锅，加入辣椒酱、素蚝油，倒入青椒翻炒。

❻放入杏鲍菇、木耳、香芹，再加入适量水、素鸡精、生抽炒匀。

素肉炒鲜豌豆

 扫一扫
学做菜

豌豆营养价值很高，和素肉丁一起炒，色香味俱全，大人孩子都喜欢吃。

食材

· 素肉 100 克
· 鲜豌豆 80 克
· 植物油适量
· 淀粉适量
· 生抽适量
· 蘑菇精适量
· 盐适量

豌豆营养丰富，有促进消化的作用。

❶将鲜豌豆洗净，沥水；素肉切成丁。

❷锅中烧开水，将鲜豌豆倒入水中焯水 2 分钟，捞出沥水。

❸热油锅中倒入素肉丁翻炒，盛出备用。

❹另起锅，将豌豆倒入锅中翻炒，加入盐、蘑菇精、生抽、水炒匀。

❺将炒好的素肉丁倒入锅中翻炒均匀，加入水淀粉收汁即可。

素肉炒水芹

扫一扫
学做菜

水芹不仅味道鲜美，而且富含多种维生素，具有很高的营养价值，常被用来制作各种菜肴。

食材

· 素肉 80 克
· 水芹 200 克
· 植物油适量
· 盐适量
· 蘑菇精适量

水芹凉拌也非常好吃。

❶水芹择洗干净，切段；素肉切成丝。

❷锅中热油，将素肉倒入锅中翻炒，盛出备用。

❸锅中烧油，将水芹倒入锅中大火翻炒，倒入适量盐、蘑菇精、水翻炒均匀。

❹最后倒入炒好的素肉，翻炒均匀即可。

紫苏炒黄瓜

扫一扫
学做菜

这道菜是夏季家常菜，浓郁的紫苏香味加上脆爽黄瓜，简直不要太美味。

食材

· 紫苏叶 10 克
· 黄瓜 1 根
· 小米辣椒 1 根
· 姜片适量
· 陈醋适量
· 生抽适量
· 盐适量
· 素鸡精适量
· 植物油适量
· 黑胡椒粉适量

可根据个人口味
调整辣椒的用量。

❶ 黄瓜洗净切成片；紫苏叶洗净切碎；小米辣椒切小段。

❷ 起锅烧油，在锅中撒一层黑胡椒粉，将黄瓜片倒入锅中煎 2 分钟捞出。

❸ 另起锅烧油，倒入小米辣椒和姜片爆香，将黄瓜、紫苏叶倒入锅中翻炒。

❹ 倒入适量盐、素鸡精、陈醋、生抽，翻炒均匀即可。

话梅莲藕
扫一扫
学做菜

话梅莲藕的口感酸酸甜甜，非常适合夏季食用。

食材

· 莲藕 200 克
· 话梅 5 颗
· 番茄酱适量
· 植物油适量
· 淀粉适量

开胃爽口，有助于改善食欲。

❶ 莲藕洗净去皮，切成小段，在水中浸泡 10 分钟；话梅洗净。

❷ 锅中烧水，将莲藕放入锅中，焯水后捞出沥水。

❸ 另起锅烧油，倒入裹上淀粉的莲藕，炸 2 分钟后捞出。

❹ 另起锅加水，将话梅倒入锅中，加入适量番茄酱，再加入莲藕翻炒均匀即可。

辣子茄丁

扫一扫
学做菜

辣子茄丁色香味俱全，麻辣酥软，可以根据自己的口味调整辣度。

食材

· 香芹 10 克
· 长茄子 1 根
· 杭椒 1 根
· 小米辣椒 1 根
· 干辣椒适量
· 植物油适量
· 盐适量
· 蘑菇精适量

茄子切成小丁
更易入味。

❶长茄子洗净，切丁；杭椒、小米辣椒洗净切段；香芹择洗干净，切段。

❷锅中热油，将茄丁倒入锅中翻炒，除去多余水分，盛出备用。

❸另起锅烧油，加入干辣椒爆香，再加入辣椒段翻炒。

❹将茄丁加入锅中，再加入香芹翻炒，最后加入盐、蘑菇精炒匀即可。

杭椒炒榆耳

扫一扫
学做菜

榆耳味道鲜美，兼具药效，享有"森林食品之王"的美称。杭椒和榆耳一起炒，口感辣脆，非常好吃。

食材

· 干榆耳 50 克
· 杭椒 3 根
· 辣椒酱适量
· 生抽适量
· 豆豉适量
· 蘑菇精适量
· 植物油适量

榆耳质地脆嫩，营养丰富，有和胃的作用。

❶干榆耳泡发，切成薄片；杭椒洗干净，切段。

❷锅中烧热水，榆耳放入沸水中焯水 2 分钟，捞出备用。

❸另起锅烧油，倒入杭椒、榆耳、辣椒酱、豆豉、蘑菇精、生抽，翻炒均匀即可。

慈姑烧豆腐

扫一扫
学做菜

慈姑的烹饪方法多种多样，烹饪之前可以先在水中煮一下，以去除涩味。

食材

- 慈姑 100 克
- 豆腐 200 克
- 植物油适量
- 盐适量
- 胡椒粉适量
- 蘑菇精适量
- 淀粉适量

可点缀一些熟豌豆，
美观又营养。

❶豆腐切厚片；慈姑切小块。

❷将慈姑放入水中煮 3 分钟。

❸另起锅烧油，豆腐放到锅中煎至两面金黄。

❹倒入慈姑翻炒，加入煮慈姑的水、盐、胡椒粉和蘑菇精炖煮 3 分钟，加水淀粉勾芡即可。

茭白炒芦笋

扫一扫
学做菜

茭白搭配芦笋一起炒，口感爽脆，色泽清新，营养均衡。

食材

· 茭白 100 克
· 芦笋 100 克
· 植物油适量
· 蘑菇精适量
· 盐适量
· 香油适量

口感清香脆嫩，色
泽也十分诱人。

❶茭白削去外皮，切除老根，切成段；芦笋洗净切段。

❷将茭白和芦笋放入沸水中焯烫断生，沥水备用。

❸锅中热油，将芦笋和茭白倒入锅中翻炒，加入盐和蘑菇精炒匀，再倒入香油调味即可。

尖椒炒茄丝

扫一扫
学做菜

尖椒炒茄丝这道家常菜，营养丰富，卖相诱人，非常下饭。

食材

· 长茄子1根
· 尖椒1根
· 盐适量
· 植物油适量
· 生抽适量
· 陈醋适量
· 蘑菇精适量

这道菜可以说是
一道百吃不厌的
下饭菜。

❶长茄子、尖椒分
别洗净切丝。

❷将茄丝倒入锅中
翻炒，去除水分。

❸另起锅烧油，放
入尖椒丝翻炒，再
放入茄子丝。

❹调入适量生抽、
盐、陈醋、蘑菇精，
翻炒均匀即可。

猴头菇扒生菜

扫一扫
学做菜

有着"素中荤"之称的猴头菇，肉质鲜嫩，翻炒后勾点芡汁，口感更加嫩滑，搭配脆甜的生菜，非常好吃。

食材

· 猴头菇 60 克
· 生菜 4 片
· 植物油适量
· 盐适量
· 生抽适量
· 淀粉适量

猴头菇不仅口感好，而且还有一定的滋补作用。

❶猴头菇洗净切片；生菜洗干净。

❷锅中烧水，将猴头菇放入锅中焯水 2 分钟，捞出；生菜焯水 2 分钟，装盘备用。

❸另起锅烧油，将猴头菇倒入锅中翻炒，加适量水、盐、生抽、水淀粉。

❹待汤汁浓稠，倒于生菜上即可。

茄汁脆皮猴头菇

扫一扫
学做菜

猴头菇是中国八大山珍之一，其肉质细嫩，味道鲜美。做成酥脆口感，搭配番茄酱，吃起来十分美味。

食材

· 猴头菇 60 克
· 熟豌豆 20 克
· 番茄酱适量
· 面包糠适量
· 淀粉适量
· 植物油适量

猴头菇可在盐水中浸泡清洗。

❶猴头菇洗净切成片；面包糠放入干净的盆中。

❷锅中烧水，将猴头菇倒入锅中焯水3分钟。

❸将淀粉调成糊状，在猴头菇表面裹一层淀粉糊，再均匀裹上面包糠。

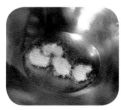

❹锅中热油，将猴头菇放入锅中炸至金黄，装盘备用。

❺另起锅加水，倒入番茄酱、水淀粉、熟豌豆，调匀后倒在猴头菇上即可。

杏鲍菇炒香芹

扫一扫
学做菜

　　杏鲍菇和香芹搭配，仅是色泽就能给人一种清新的感觉。芹菜的口感爽脆，杏鲍菇的口感软韧，搭配起来相得益彰，是一道养生、减脂的理想菜肴。

食材

· 香芹 50 克
· 杏鲍菇 1 根
· 植物油适量
· 盐适量
· 生抽适量

宜用大火爆炒。

❶杏鲍菇洗净，切成细丝；香芹择洗干净，切段。

❷锅中烧热水，将杏鲍菇倒入锅中焯烫 2 分钟，捞出备用。

❸另起锅烧油，倒入焯好的杏鲍菇翻炒，再倒入香芹段翻炒断生。

❹调入适量盐、生抽，翻炒均匀即可出锅。

风味广茄

扫一扫
学做菜

这道菜采用清蒸的方法，保留了茄子的原汁原味，配上咸香爽辣的酱汁，味道非常鲜美。

食材

· 长茄子2根
· 杭椒2根
· 素蚝油适量
· 生抽适量
· 淀粉适量
· 植物油适量

茄子皮中含有丰富的营养物质，食用时不宜去皮。

①将长茄子洗净，切成大小均匀的长条；杭椒洗净，切碎。

②将茄子条装入盘中，上蒸锅蒸10分钟。

③热油锅，倒入杭椒碎，大火翻炒，加入适量水、生抽、素蚝油、水淀粉。

④待汤汁浓稠，浇在蒸好的茄子上即可。

松仁玉米

扫一扫
学做菜

松仁玉米是一道东北名菜，做法简单，色彩鲜艳，营养丰富，老少皆宜。

食材

· 玉米粒 200 克
· 松子仁 20 克
· 胡萝卜半根
· 盐适量
· 白糖适量
· 植物油适量
· 淀粉适量

还可以搭配豌豆一起炒。

❶玉米粒、松子仁洗净；胡萝卜洗净切丁。

❷锅中烧水，将玉米粒、胡萝卜丁倒入锅中焯水 2 分钟。

❸锅中烧油，将松子仁倒入锅中炸 1 分钟，装盘备用。

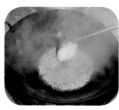

❹另起油锅，将玉米粒、胡萝卜丁倒入锅中翻炒。

❺锅中加盐、白糖、水淀粉炒匀，盛出，撒上松子仁即可。

家常豆腐

扫一扫
学做菜

这款家常豆腐加了辣酱、青椒和木耳，风味更加独特。

食材

- 豆腐 300 克
- 干木耳 10 克
- 青椒 1 根
- 辣椒酱适量
- 植物油适量
- 生抽适量
- 淀粉适量
- 盐适量

豆腐不要切得太薄，
但也不能太厚。

❶豆腐切块；青椒洗净切块；干木耳泡发，撕成小朵。

❷锅中倒适量油，撒少许盐，将豆腐放入锅中煎。

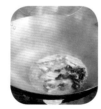

❸锅中加水，烧开后，将木耳倒入锅中与豆腐一同炖煮1分钟，捞出。

❹另起锅，加入适量辣椒酱、植物油翻炒，炒香后加青椒炒匀。

❺锅中加入适量水，将木耳、豆腐倒入锅中炖煮。

❻调入适量盐、生抽、水淀粉，大火收汁即可。

面筋炒花生芽 扫一扫 学做菜

面筋、胡萝卜和花生芽，三种食材搭配，颜色漂亮，鲜嫩可口，营养翻倍。

食材

· 面筋 100 克
· 花生芽 80 克
· 胡萝卜半根
· 植物油适量
· 盐适量
· 蘑菇精适量
· 生抽适量
· 淀粉适量

花生芽味道甘甜，让人回味无穷。

❶面筋洗净切丝，裹上淀粉；花生芽洗净，去掉花生皮；胡萝卜洗净切丝。

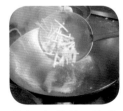

❷锅中热油，将花生芽倒入锅中炸 2 分钟，捞出。

❸将裹了淀粉的面筋倒入油锅中，炸至金黄捞出。

❹另起锅加入少量油，将胡萝卜丝倒入锅中翻炒。

❺将面筋、花生芽倒入锅中，加入适量水、盐、蘑菇精、生抽炒匀即可。

芦笋绣球菌

扫一扫
学做菜

芦笋绣球菌不仅口感鲜嫩爽口，色泽也是清新宜人，非常适合春季食用。

食材

· 芦笋 80 克
· 绣球菌 200 克
· 植物油适量
· 盐适量

减重、减脂人群可
常吃芦笋。

① 绣球菌清洗干净，撕成
小朵；芦笋洗净，切段。

② 锅烧热水，将绣球菌、芦
笋倒入锅中焯水 1 分钟，沥
干水。

③ 另起锅烧油，倒入焯好的
绣球菌、芦笋，大火翻炒，调
入盐即可。

三色鹰嘴豆

扫一扫
学做菜

　　鹰嘴豆营养丰富，还有补钙的作用，此道菜由鹰嘴豆搭配多种食材制成，色香味兼具。

食材

- 冬瓜 50 克
- 豆干 50 克
- 荷兰豆 20 克
- 熟鹰嘴豆 10 克
- 香菇 20 克
- 胡萝卜半根
- 植物油适量
- 盐适量
- 蘑菇精适量

鹰嘴豆中含有丰富的膳食纤维、维生素、氨基酸等营养素。

❶冬瓜去皮，切小丁；胡萝卜、香菇、豆干洗净，切丁；荷兰豆洗净，切成小段。

❷锅中烧水，将荷兰豆、香菇、冬瓜分别倒入锅中焯水。

❸另起锅烧油，将胡萝卜、豆干、香菇倒入锅中翻炒。

❹将冬瓜、熟鹰嘴豆倒入锅中，加入盐、蘑菇精、水翻炒收汁。

❺最后加入荷兰豆炒匀即可。

小炒青笋

扫一扫
学做菜

这道菜以莴笋为主要食材，将其做成酸辣口味，搭配香芹非常下饭。

食材

- 莴笋 80 克
- 干木耳 10 克
- 香芹 20 克
- 杭椒 1 根
- 小米辣椒 1 根
- 植物油适量
- 干辣椒适量
- 盐适量
- 蘑菇精适量
- 生抽适量
- 陈醋适量

莴笋焯水后再炒
会更爽脆。

❶ 莴笋去皮、去除老茎,切成条;干木耳泡发,撕成小朵。

❷ 香芹择洗干净,切段;杭椒、小米辣椒洗净切段。

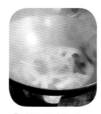

❸ 锅中烧水,木耳、莴笋分别倒入锅中焯水,捞出备用。

❹ 另起锅烧油,将辣椒段与干辣椒一同倒入锅中爆香。

❺ 将香芹、木耳、莴笋一同倒入锅中,调入盐、蘑菇精、生抽、陈醋炒匀。

清炒凉粉

扫一扫
学做菜

这是一道简单而美味的家常菜,其特点在于凉粉本身的爽滑口感与炒制过程中的调味品完美结合,呈现出一种清新又不失风味的口感。

食材

· 凉粉 300 克
· 干木耳 10 克
· 西蓝花 4 朵
· 橄榄油适量
· 盐适量
· 蘑菇精适量
· 生抽适量
· 淀粉适量

凉粉口感滑嫩,炒食、
凉拌都很好吃。

①西蓝花洗净;凉粉用清水冲洗一下,切成块;干木耳泡发,撕成小朵。

②锅中烧水,将木耳、凉粉倒入锅中焯水2分钟捞出;再将西蓝花倒入水中断生。

③另起锅,倒入适量橄榄油、水,再将木耳和凉粉倒入锅中。

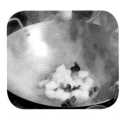

④将盐、蘑菇精、生抽调入锅中,再倒入西蓝花,调入水淀粉收汁即可。

炒银杏

扫一扫
学做菜

　　莴笋的营养丰富，口感清脆爽嫩，吃起来非常开胃，搭配银杏一起炒制，味道鲜上加鲜，令人回味无穷。

食材

· 去壳银杏果 20 克
· 莴笋 50 克
· 干木耳 10 克
· 植物油适量
· 盐适量
· 胡椒粉适量
· 蘑菇精适量
· 橄榄油适量

银杏虽然好吃，
但不能贪多。

❶银杏果洗净备用；莴笋去皮、去叶后切成块；干木耳泡发，撕成小朵。

❷锅中烧水，将莴笋、木耳、银杏果依次倒入锅中焯水。

❸锅中加入植物油，将所有食材倒入锅中翻炒。

❹调入适量盐、胡椒粉、蘑菇精、橄榄油，炒匀即可。

清炒紫菜薹

扫一扫
学做菜

紫菜薹口感脆嫩，富含花青素，对人体非常有益，这道菜做法简单，保留了食材脆嫩的口感和丰富的营养。

食材

· 紫菜薹 400 克
· 植物油适量
· 盐适量
· 胡椒粉适量
· 蘑菇精适量

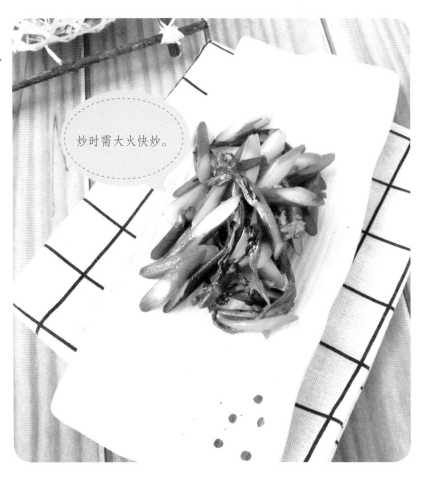

炒时需大火快炒。

❶将紫菜薹除去老根，洗净切段。

❷锅中烧水，将紫菜薹倒入锅中焯水。

❸另起锅烧油，加盐，将紫菜薹倒入锅中，再加入适量蘑菇精、胡椒粉、水，炒匀。

黄耳烧凉粉

扫一扫
学做菜

　　用辣椒酱烧出来的凉粉麻辣鲜香、软糯爽滑，香味十分浓郁，再搭配黄耳和菜薹的脆爽，吃起来非常美味。

食材

· 干黄耳 20 克
· 凉粉 300 克
· 菜薹 50 克
· 植物油适量
· 辣椒酱适量
· 蘑菇精适量
· 生抽适量
· 陈醋适量
· 素蚝油适量

黄耳和凉粉嫩滑爽口，做成酸辣口味，非常下饭。

❶ 干黄耳提前泡发好；凉粉切成小块；菜薹洗净，切段。

❷ 锅中烧水，将凉粉和黄耳倒入锅中焯水1分钟捞出，接着焯烫菜薹。

❸ 另起锅烧油，加入辣椒酱炒香，加适量水、素蚝油，将黄耳和凉粉倒入锅中炖煮。

❹ 将适量生抽、陈醋、蘑菇精倒入锅中，最后加入菜薹略煮即可。

口蘑炒菜薹

扫一扫
学做菜

口蘑肉质肥厚、质细气香、味道鲜美，和菜薹一起炒营养又美味。

食材

· 口蘑 50 克
· 菜薹 100 克
· 盐适量
· 蘑菇精适量
· 植物油适量

用盐水浸泡口蘑几分钟，洗得更干净。

❶口蘑洗净切片；菜薹洗净切段。

❷锅中烧水，将菜薹、口蘑倒入水中焯水。

❸另起锅烧油，分别倒入口蘑、菜薹翻炒。

❹调入适量蘑菇精、盐、水，翻炒均匀即可。

粉丝娃娃菜

扫一扫
学做菜

粉丝配上娃娃菜，清新爽口，鲜香入味，是一道好吃又健康的家常菜。

食材

- 娃娃菜 500 克
- 粉丝 1 把
- 植物油适量
- 剁椒适量
- 生抽适量
- 盐适量

蒸制的娃娃菜味道甘甜，营养也能很好地保留下来。

① 娃娃菜洗净，切掉根部，再对切成数瓣；粉丝提前用温水浸泡10分钟。

② 娃娃菜装盘，上锅蒸熟；粉丝在沸水中焯2分钟捞出。

③ 将粉丝码在娃娃菜上。

④ 锅中倒入少量油，加入适量剁椒翻炒爆香，再加适量水、盐、生抽。

⑤ 将酱汁淋在粉丝上即可。

香辣素肉丁

扫一扫
学做菜

这款香辣素肉丁麻辣鲜香，简单易做，美味又开胃，喜欢吃辣的人千万不要错过。

食材

· 素肉 100 克
· 莴笋 100 克
· 杭椒 1 根
· 小米辣椒 1 根
· 辣椒酱适量
· 甜辣酱适量
· 淀粉适量
· 蘑菇精适量
· 盐适量
· 植物油适量

五颜六色的搭配能够让人食欲大开。

❶素肉切丁；莴笋去皮，切丁；杭椒、小米辣椒洗净切段。

❷将莴笋丁放入沸水中焯1分钟后捞出。

❸另起锅烧油，倒入素肉丁翻炒，再倒入辣椒段翻炒均匀。

❹加入适量甜辣酱和辣椒酱。

❺倒入莴笋丁翻炒，最后加入适量水、水淀粉、盐、蘑菇精炒匀。

酸菜粉丝

扫一扫
学做菜

酸菜粉丝清爽不油腻，而且做法很简单，加适量辣椒一起翻炒，成品酸辣爽脆，味道非常不错。

食材

· 酸菜 200 克
· 粉丝 1 把
· 干辣椒适量
· 植物油适量
· 盐适量
· 蘑菇精适量
· 生抽适量

此菜酸香开胃、口感清脆。

❶粉丝用温水泡开；酸菜切丝。

❷锅中烧水，将酸菜放入水中焯水 1 分钟，捞出沥水。

❸另起锅烧水，将粉丝倒入锅中焯水，捞出沥水后加入适量生抽拌匀，备用。

❹起锅烧油，加干辣椒炒香，酸菜倒入锅中翻炒，加适量水、生抽、蘑菇精、盐炒匀。

❺加入粉丝，翻炒均匀即可出锅。

素鱼翅扒丝瓜尖

扫一扫
学做菜

这道菜以素鱼翅和丝瓜尖为主要食材，口感爽滑，色泽诱人，同时也能为人体补充维生素。

食材

· 丝瓜尖 100 克
· 腌金针菇 20 克
· 素鱼翅 1 片
· 盐适量
· 蘑菇精适量
· 生抽适量
· 米醋适量

给菜品摆出好看的造型也是很有趣的一件事。

❶素鱼翅用清水浸泡2小时；丝瓜尖洗净。

❷锅中烧水，将丝瓜尖放入水中焯水1分钟捞出。

❸在丝瓜尖中加入适量盐、米醋，搅拌均匀后装盘。

❹素鱼翅倒入锅中焯水半分钟捞出。

❺另起锅，将素鱼翅倒入锅中，加适量水、蘑菇精、生抽炒匀。

❻将素鱼翅盛出装盘，加入腌金针菇即可。

烤麸炒笋干

扫一扫
学做菜

烤麸蛋白质含量高,易融合其他食材与调料的味道,是素食中常用的食材。烤麸炒笋干口感筋道,再与香芹搭配更是妙不可言。

食材

· 香芹 10 克
· 烤麸 1 块
· 笋干 2 根
· 植物油适量
· 辣椒酱适量
· 生抽适量

烤麸鲜软入味,让人百吃不厌。

①烤麸、笋干提前用清水泡发,切成条;香芹择洗干净,切段。

②将烤麸、笋干在水中煮1分钟后捞出。

③另起锅烧油,加入辣椒酱炒香,加适量清水,将烤麸、笋干倒入锅中煮一会儿。

④加适量生抽,汤汁收紧后,加入香芹段翻炒均匀即可。

马蹄炒黄精

扫一扫
学做菜

　　这是一道将传统中药材融入菜肴的特色美食，不仅味道独特，还富含营养，具有一定的食疗价值。

食材

· 马蹄50克
· 黄精30克
· 胡萝卜半根
· 青椒半根
· 植物油适量
· 盐适量

黄精可炒食也能做粥。

❶黄精洗净切片；胡萝卜洗净切片；青椒洗净，去蒂、去子，切块；马蹄洗净去皮，切片。

❷将所有食材倒入热水中焯1分钟捞出。

❸锅中加入适量油，加入所有食材翻炒均匀，再调入适量盐翻炒即可。

巴西菇炒香芹

扫一扫
学做菜

巴西菇炒香芹，味道清新、鲜香适口，非常下饭，是一道十分简单的快手菜。

食材

· 干巴西菇 10 克
· 香芹 100 克
· 植物油适量
· 盐适量

巴西菇具有很好
的保健作用。

❶干巴西菇提前用
温水泡发；香芹择
洗干净，切段。

❷锅中烧水，将巴
西菇倒入锅中焯水
1分钟捞出。

❸另起锅烧油，将
焯好的巴西菇倒入
锅中翻炒。

❹加入香芹段翻炒
均匀，再调入适量
盐即可。

小炒鲜鸡枞

扫一扫
学做菜

鸡枞质细丝白，与芹菜、青椒一起炒，鲜甜脆嫩、清香可口。

食材

- 鲜鸡枞 200 克
- 芹菜 20 克
- 青椒 1 根
- 植物油适量
- 蒸鱼豉油适量

鸡枞还可煲汤，
味道十分鲜美。

❶鲜鸡枞择洗干净，掰成小朵；芹菜择洗干净，切段；青椒洗净切丝。

❷锅中加适量油，将鲜鸡枞倒入锅中大火翻炒。

❸将青椒丝、芹菜段倒入锅中翻炒断生，加入蒸鱼豉油调味即可。

素肉丝炒贡菜

扫一扫
学做菜

　　贡菜色泽鲜绿、质地鲜嫩、口感爽脆，食用价值非常高，和素肉丝一起炒是一道很好的下饭菜。

食材

· 素肉丝 200 克
· 贡菜 100 克
· 素蚝油适量
· 植物油适量
· 蘑菇精适量
· 胡椒粉适量
· 盐适量

脆爽的贡菜做成凉拌菜也非常好吃。

❶素肉丝洗净备用；贡菜用水泡发后切条。

❷锅中烧油，将贡菜倒入锅中翻炒。

❸将适量水、素肉丝倒入锅中，调入素蚝油、盐、蘑菇精、胡椒粉炒匀即可。

小炒绣球菌

扫一扫
学做菜

　　绣球菌被誉为"万菇之王"，其营养价值非常高。这道菜不仅味道鲜美，而且口感爽滑可口，烹饪过程中要避免炒得过久导致口感软化。

食材

- 鲜绣球菌 200 克
- 芹菜 20 克
- 植物油适量
- 干辣椒适量
- 盐适量

绣球菌中含有丰富的钾元素。

❶绣球菌切去根部，洗净，撕成小块；芹菜择洗干净，切段。

❷锅中烧水，倒入绣球菌焯一下，捞出沥水。

❸另起锅烧油，加干辣椒炒香，倒入芹菜、绣球菌翻炒，调入适量盐即可。

蜜汁百合

扫一扫
学做菜

　　蜜汁百合用料简单，口感香甜软糯，喜欢吃甜食的人不要错过。除此之外，经常咳嗽、咽喉有痰的人也适合食用这道菜。

食材

· 鲜百合 100 克
· 冰糖适量
· 枸杞适量

百合有养阴润肺、清心安神的作用。

①鲜百合掰开，清洗干净，沥干水备用。

②锅中加水，放入冰糖煮至溶化。

③将百合放入锅中煮 2~3 分钟后盛出装盘，撒枸杞点缀即可。

黑椒口蘑

扫一扫
学做菜

口蘑味道鲜美，口感细腻软滑，既可炒食，又可焯水凉拌。这道黑椒口蘑，材料、步骤都非常简单，喜欢黑胡椒口味的朋友一定要试试。

食材

- 口蘑 100 克
- 青椒丁适量
- 黑胡椒粉适量
- 植物油适量
- 盐适量
- 蘑菇精适量

口蘑与黑胡椒粉搭配，味道十分鲜美独特。

❶口蘑洗净，从一侧切片，但不要切断。

❷将口蘑倒入热水中焯水1分钟，捞出沥水。

❸另起锅烧油，倒入口蘑翻炒，除去多余水分，盛出待用。

❹锅中放入适量油，倒入适量黑胡椒粉炒香，再加入口蘑翻炒。

❺倒入青椒丁、盐、蘑菇精，翻炒均匀即可。

胡麻油煎素培根

这道胡麻油煎素培根以素培根和胡麻油为主要原料,简单易做、风味独特。

食材

· 素培根 3 片
· 胡麻油适量

煎的时间不宜过长。

❶将素培根切成薄片。

❷在平底锅中加入适量胡麻油,将切好的素培根铺在锅中煎。

❸盖上盖子焖一会儿,然后煎另一面,再盖上盖子焖一会儿即可。

大乱炖

扫一扫
学做菜

　　大乱炖是一道以豆角、土豆、玉米作为主要食料，以八角、桂皮、生抽等为配料制作而成的家常菜，好吃又下饭。

食材

- 豆角 200 克
- 玉米半根
- 土豆 2 个
- 植物油适量
- 八角适量
- 桂皮适量
- 盐适量
- 生抽适量
- 胡椒粉适量
- 蘑菇精适量

还可根据个人喜好加入喜欢的食材。

❶土豆洗净去皮，切滚刀块；豆角择洗干净，掰成小段；玉米洗净，切小块。

❷锅烧热油，油温七成热时下入土豆，炸至金黄，捞出备用。

❸锅留底油，加入适量八角、桂皮炒香，下入豆角后再加入适量盐和生抽炒匀。

❹加入适量水、胡椒粉、蘑菇精、土豆、玉米，炖煮 20 分钟。

小炒秋葵
扫一扫
学做菜

秋葵被称作"蔬菜之王"，有着很高的营养价值，口感清脆可口，可凉拌也可炒菜食用。

食材

· 秋葵 200 克
· 橄榄菜 50 克
· 植物油适量
· 生抽适量
· 蘑菇精适量

橄榄菜口感咸鲜，制作此菜时不需额外加盐。

❶秋葵择洗干净，去蒂切段。

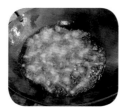
❷锅中烧油，将秋葵倒入锅中炸2分钟，捞出备用。

❸另起油锅，倒入橄榄菜翻炒，加入适量水。

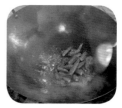
❹将秋葵倒入锅中，调入生抽、蘑菇精即可。

炝炒豆芽

扫一扫
学做菜

　　炝炒豆芽这道菜制作方法简单，省时省力，爆炒过的豆芽口感脆爽、酸咸入味。

食材

· 豆芽 300 克
· 青椒丝适量
· 植物油适量
· 生抽适量
· 陈醋适量
· 盐适量
· 花椒适量

宜用大火快炒。

❶豆芽洗净备用。

❷锅中烧油，将豆芽倒入锅中翻炒，盛出备用。

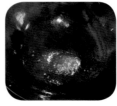

❸另起锅烧油，加入花椒爆香，再放入豆芽翻炒。

❹加入适量盐、生抽炒匀，再淋入陈醋，盛出即可，最后撒青椒丝点缀。

香菇冬瓜

扫一扫
学做菜

　　冬瓜肉质十分细腻松软，很容易入味。这道香菇冬瓜，冬瓜煮透后，渗透进香菇的香味，入口即化，更是有滋有味。

食材

· 香菇 20 克
· 冬瓜 300 克
· 植物油适量
· 盐适量
· 蘑菇精适量
· 淀粉适量

香菇搭配在菜品中，可提鲜增味。

❶香菇择洗干净，切片；冬瓜洗净去皮，切片。

❷锅中烧水，香菇在沸水中焯水 1 分钟，捞出控水。

❸另起锅烧油，先将香菇倒入锅中翻炒，再放入冬瓜翻炒。

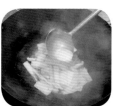

❹锅中加入适量水，盖上盖子焖 2~3 分钟，调入蘑菇精、盐、水淀粉即可。

三色莲子 扫一扫
学做菜

新鲜莲子可以直接生吃，也可以炒着吃，这道三色莲子能清心去火、健脾开胃，味道也很不错。

食材

· 新鲜莲子 50 克
· 芦笋 50 克
· 胡萝卜半根
· 植物油适量
· 盐适量
· 蘑菇精适量
· 香油适量

这道菜色泽诱人、清爽解腻。

❶新鲜莲子洗净；芦笋洗净切段；胡萝卜洗净去皮，切丁。

❷将莲子、芦笋放入沸水中焯一会儿，捞出沥水。

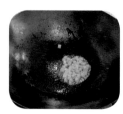

❸另起锅烧油，倒入胡萝卜翻炒断生，加入适量水，调入盐、蘑菇精。

❹倒入焯好的莲子、芦笋翻炒一会儿，出锅前淋几滴香油即可。

芦蒿炒素肉

扫一扫
学做菜

　　芦蒿不仅味道清香鲜美，脆嫩爽口，营养也十分丰富，芦蒿嫩茎叶可凉拌、炒食，根状茎还可以腌制酱菜。

食材

· 芦蒿 100 克
· 素肉丝 200 克
· 植物油适量
· 蘑菇精适量
· 盐适量
· 淀粉适量

芦蒿有很好的清热作用，适宜春秋季食用。

❶芦蒿洗净去叶，切段；素肉丝洗净。

❷锅中烧油，在素肉丝表面裹一层淀粉，倒入锅中炸至金黄捞出。

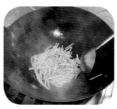

❸另起油锅，加入芦蒿翻炒断生。

❹再加入素肉丝、蘑菇精、盐，翻炒均匀即可。

蔬菜水果摄入应充足。

美味

吃素也是有讲究的。

健康

要适当多晒太阳。

全蔬食的好处有哪些呢？一起来看看吧。

减脂

注重营养入，才能吃越健康。

坚持吃素食对我们的身体是有很多益处的。

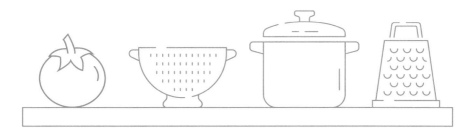

第四章　开胃爽口素凉菜

天热时，不少人容易缺乏食欲。总吃热汤热菜，会加重胃口不佳的情况，这时搭配一些爽口凉菜能让人胃口大开，食欲大增。本章精选了一些开胃爽口凉菜，做起来又快又简单。

素夫妻肺片

扫一扫
学做菜

夫妻肺片是四川享负盛名的特色美食，同时也是川菜中的十大名菜之一。它色泽红亮、质地软嫩，口味麻辣浓香，口感软糯爽滑。其实用菌菇也可以做一道素夫妻肺片，操作简单，还能让人一饱口福。

食材

- 杏鲍菇 1 根
- 干榆耳 20 克
- 干黄耳 20 克
- 素肉 50 克
- 白芝麻适量
- 杭椒碎适量
- 干辣椒适量
- 植物油适量
- 盐适量
- 花生碎适量
- 生抽适量
- 蘑菇精适量

喜欢吃酸的还可以加上陈醋。

❶杏鲍菇洗净切片；干榆耳提前泡发，切片；干黄耳泡发，切小块；素肉切片。

❷锅中烧水，将榆耳、黄耳、杏鲍菇放入锅中焯水，装盘备用。

❸干辣椒提前捣碎，和白芝麻一起放入容器中淋上热油。

❹在容器中加入蘑菇精、生抽、盐，再倒入杭椒碎和花生碎。

❺将调好的酱汁浇在焯好的食材和素肉片上即可。

巧拌三丝

扫一扫
学做菜

这道菜以金针菇、荷兰豆、胡萝卜为主要食材，口感爽脆，尤其适合夏季食用。

食材

· 金针菇 100 克
· 荷兰豆 50 克
· 胡萝卜半根
· 盐适量
· 陈醋适量
· 生抽适量
· 辣椒油适量
· 蘑菇精适量

也可以加入黄瓜丝。

❶金针菇洗净，撕散；荷兰豆洗净切丝；胡萝卜洗净去皮，切丝。

❷锅中烧水，分别将金针菇、荷兰豆丝、胡萝卜丝倒入锅中煮熟，捞出过凉水。

❸将焯好的食材放入容器中，加入适量蘑菇精、盐、辣椒油、陈醋、生抽，拌匀即可。

鹰嘴豆沙拉

扫一扫
学做菜

炎炎夏日少不了沙拉，这款鹰嘴豆沙拉由鹰嘴豆和多种食材搭配，营养与颜值兼备。

食材

· 熟鹰嘴豆 20 克
· 藜麦 10 克
· 球生菜 2 片
· 黄瓜半根
· 胡萝卜半根
· 苦苣半颗
· 沙拉酱适量

可随意搭配喜欢吃的蔬菜。

❶藜麦在水中浸泡半小时。

❷球生菜,苦苣清洗干净,撕成小块;黄瓜洗净,切成小块;胡萝卜洗净切丝。

❸锅中烧水,将藜麦倒入锅中焯水 2 分钟,捞出,装盘。

❹将熟鹰嘴豆撒在盘中,淋上沙拉酱即可。

核桃仁拌丝瓜尖

扫一扫
学做菜

核桃仁拌丝瓜尖味道清新，天热时尤其需要这样一盘清清爽爽的凉拌菜。

食材

· 核桃仁 10 克
· 丝瓜尖 50 克
· 盐适量
· 蘑菇精适量
· 生抽适量
· 干辣椒适量
· 植物油适量

新鲜的核桃仁脆爽甘甜，但外皮较苦涩，最好去皮食用。

❶核桃仁洗净去皮；丝瓜尖择洗干净。

❷锅中烧水，将核桃仁放入水中焯烫2分钟。

❸倒入丝瓜尖焯水1分钟后捞出，过凉水装盘。

❹锅中热油，加入干辣椒炒香，制成辣椒油。

❺在食材上撒适量盐、蘑菇精，倒入生抽、辣椒油拌匀即可。

京糕雪梨丝

扫一扫
学做菜

京糕色泽红润、爽滑细腻、酸甜可口，伴着清甜的梨丝入口，口感更加爽脆，开胃又解腻。这道菜做法十分简单，只需将二者切成细丝拌匀即可，可以依个人口味添加蜂蜜。

食材

· 京糕 200 克
· 雪梨 1 个

撒上白糖食用也
非常美味。

❶雪梨洗净去皮，切成细丝；京糕切丝。

❷将雪梨丝和京糕丝摆放到盘中即可。

酸辣凉粉
扫一扫
学做菜

拌凉粉酸辣爽口、美味多汁，不仅清火解暑，而且还非常有营养，是夏天不可错过的一道美食。

食材

· 凉粉 200 克
· 杭椒碎适量
· 陈醋适量
· 生抽适量
· 蘑菇精适量
· 辣椒油适量
· 盐适量

还可加入一些黄瓜丝。

❶凉粉洗净切块，装盘备用。

❷将适量陈醋、生抽、蘑菇精、辣椒油、盐和杭椒碎调成酱汁。

❸将酱汁浇在凉粉上即可。

麻酱凤尾

扫一扫
学做菜

　　麻酱凤尾以青笋尖为主料，搭配芝麻酱等调料制作而成，鲜美可口，酱香浓郁。在没有胃口的时候，不如来上一盘麻酱凤尾，简单快捷、清爽好吃。

食材

- 青笋尖 80 克
- 芝麻酱适量
- 蘑菇精适量
- 生抽适量
- 盐适量
- 白芝麻适量

清新爽脆的青笋尖加上浓香的芝麻酱，简直妙不可言。

❶青笋尖洗净切开，放入沸水中焯水至断生，捞出沥干，装盘备用。

❷在芝麻酱中加入适量盐、生抽、蘑菇精、冷开水，顺着一个方向搅拌至芝麻酱油亮光滑即可。

❸将芝麻酱淋在青笋尖上，撒适量白芝麻即可。

什锦牛油果
扫一扫
学做菜

　　牛油果不仅营养价值高，而且味道浓郁、清爽可口，搭配爽脆的莲藕和软韧的素肉，口感十分丰富。

食材

· 素肉 50 克
· 莲藕 50 克
· 牛油果半个
· 沙拉酱适量

经过蒸制的牛油果质地较软，易于消化。

❶牛油果去皮、去核；素肉切丁；莲藕洗净去皮，切丁。

❷牛油果上锅蒸 3 分钟，切片备用。

❸莲藕丁在沸水中焯熟，捞出；将素肉丁与莲藕丁在锅中翻炒一会儿，盛出备用。

❹在素肉丁和莲藕丁上淋上沙拉酱，将切好的牛油果装盘即可。

凉拌芹菜叶

扫一扫
学做菜

好多人吃芹菜只吃芹菜梗，把叶子丢弃。其实，芹菜叶的营养十分丰富，凉拌也非常好吃。

食材

· 芹菜叶 50 克
· 盐适量
· 蘑菇精适量
· 白糖适量
· 陈醋适量
· 香油适量
· 花椒适量
· 干辣椒适量
· 植物油适量

芹菜叶一次不要吃太多，以免引起腹胀。

❶芹菜叶洗干净备用。

❷在芹菜叶中加蘑菇精、盐、白糖、陈醋、香油。

❸锅中热油，加入花椒、干辣椒炒香，淋到芹菜叶上即可。

香脆藕片

扫一扫
学做菜

香脆藕片口味鲜香，爽口解腻，适合夏日食用。

食材

· 莲藕 200 克
· 枸杞适量
· 白醋适量
· 白糖适量

藕片切薄一点更容易入味。

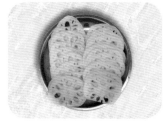

❶莲藕洗净去皮，切成薄片。

❷锅中烧水，将藕片放入沸水中煮熟，捞出过凉水。

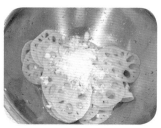

❸在藕片中加入适量白糖、白醋拌匀,再撒上枸杞即可。

乾隆白菜

扫一扫
学做菜

　　乾隆白菜是一道开胃、清爽、解腻的凉拌菜。这道菜的主要食材就是大
白菜，百菜不如白菜，白菜虽然普通，但是营养丰富，一年四季都适合食用。

食材

· 白菜心 1 个
· 陈醋适量
· 生抽适量
· 蜂蜜适量
· 芝麻酱适量

酱汁调好后尝一下，
酸甜、咸度合适再倒
入菜中。

❶将白菜心洗净切
条，控干水分，装盘
备用。

❷将陈醋、生抽调成
酱汁，将酱汁分 3 次
倒入芝麻酱中，搅拌
至芝麻酱光滑油亮。

❸再将蜂蜜和芝麻
酱混合均匀。

❹将拌好的芝麻酱
淋在白菜中，搅拌
均匀。

坚果苦苣

扫一扫
学做菜

坚果苦苣是苦苣的常见方法，味道鲜美，是夏季不可错过的一道凉菜。

食材

- 苦苣1颗
- 松子仁适量
- 腰果适量
- 花生仁适量
- 盐适量
- 蘑菇精适量
- 香油适量
- 陈醋适量
- 生抽适量

苦苣有清热去火的作用。

❶ 苦苣择洗干净，撕成小块。

❷ 在苦苣中加入适量盐、蘑菇精、陈醋、生抽、香油，搅拌均匀。

❸ 将腰果、花生仁、松子仁撒在苦苣上即可。

酸辣海茸丝

扫一扫
学做菜

海茸是一种天然藻类植物，具有很高的营养价值，酸辣海茸丝简单美味，是一道营养丰富的开胃小菜。

食材

· 海茸 300 克
· 香芹 10 克
· 青椒半根
· 陈醋适量
· 蘑菇精适量
· 干辣椒适量
· 花椒适量
· 白糖适量
· 香油适量
· 植物油适量

过敏体质者不宜食用海茸。

❶海茸浸泡后用清水洗净，切丝；香芹择洗干净，切段；青椒洗净，去蒂、去子，切丝。

❷将海茸丝、香芹段、青椒丝放入同一容器中。

❸加入适量白糖、蘑菇精、陈醋、香油，干辣椒和花椒在热油中炒香后倒入容器，搅拌均匀。

老虎菜

扫一扫
学做菜

　　老虎菜是一道东北特色凉拌菜，口感爽脆。之所以得此名，是因为此菜是用尖椒凉拌而成，辛辣生猛，如老虎一般。

食材

- 香菜 20 克
- 熟花生仁 20 克
- 尖椒 1 根
- 黄瓜 1 根
- 蘑菇精适量
- 白糖适量
- 盐适量
- 生抽适量
- 陈醋适量
- 胡椒油适量
- 香油适量

没胃口时一定要
试试这道菜。

❶香菜择洗干净, 切段; 尖椒洗净, 去蒂、去子, 切丝; 黄瓜洗净切丝。

❷将香菜段、青椒丝、黄瓜丝装盘, 加蘑菇精、盐、生抽、香油、胡椒油、陈醋、白糖, 拌匀。

❸将拌好的菜盛入盘中, 撒入熟花生仁即可。

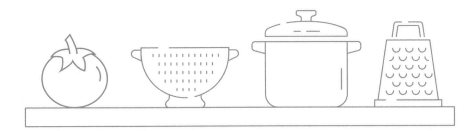

第五章　五谷杂粮主食

　　主食在生活中是必不可少的，许多人提起主食，就会想到米饭、馒头、面条等，其实主食也可以做得很有创意。本章介绍了很多不同种类的主食，让蔬食者有更多的选择。

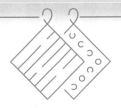

鱼香芋饼

扫一扫
学做菜

芋头口感细软，软糯香甜，营养丰富，做成鱼香口味的面饼更是颇有创意。

食材

- 马蹄 50 克
- 芋头 1 个
- 胡萝卜半根
- 面粉适量
- 甜辣酱适量
- 盐适量
- 胡椒粉适量
- 蘑菇精适量
- 淀粉适量
- 白糖适量

烤制时可在饼两面各刷一层油。

❶ 马蹄去皮，切碎；胡萝卜洗净，切成小块，放入料理机中打碎。

❷ 芋头去皮蒸熟，切碎。

❸ 将三种材料混合，加入适量盐、胡椒粉、蘑菇精搅拌均匀。

❹ 将面粉与上述材料混合均匀后，用虎口挤出材料做成饼胚。

❺ 将饼胚放入烤箱中烤熟，装盘备用。

❻ 锅中放甜辣酱，炒香后加水、白糖、水淀粉，待汤汁浓稠，淋到面饼上即可。

酸辣水晶粉

扫一扫
学做菜

酸辣水晶粉集酸辣、爽滑的口感于一身，浓香四溢，夏天没胃口时，吃一碗热腾腾的酸辣水晶粉，开胃又过瘾。

食材

- 水晶粉 400 克
- 豆皮 80 克
- 丝瓜尖 50 克
- 辣椒酱适量
- 生抽适量
- 陈醋适量
- 芝麻酱适量
- 盐适量
- 蘑菇精适量

可根据个人口味随意搭配喜欢的蔬菜。

❶ 水晶粉洗净备用；豆皮洗净切条；丝瓜尖择洗干净。

❷ 在碗中加入辣椒酱、盐、蘑菇精、生抽、陈醋、芝麻酱，将调料拌匀。

❸ 在碗中加入适量开水。

❹ 锅中烧开水，将所有食材加入沸水中焯熟。

❺ 将食材放入调好的汤汁中即可。

藜麦扒金瓜

扫一扫
学做菜

藜麦营养价值高，富含纤维素，有润肠通便、健脾和胃的作用；南瓜也有补益脾胃、补中益气的作用。甜蜜绵软的南瓜搭配清爽滑弹的藜麦，口感十分丰富，养胃的同时也能减脂。

食材

· 南瓜 200 克
· 藜麦 20 克
· 白糖适量
· 淀粉适量
· 枸杞适量
· 香菜碎适量

南瓜尽量切成大
小相同的块。

❶南瓜洗净去子，切成小块；藜麦、枸杞提前浸泡半个小时。

❷将南瓜放在蒸屉上蒸熟，摆入盘中备用。

❸锅中烧开水，将藜麦和枸杞倒入锅中煮2分钟，捞出。

❹另起锅加适量水，将藜麦倒入锅中，加适量白糖、水淀粉熬煮。

❺待汤汁浓稠，淋在蒸好的南瓜上，撒上枸杞、香菜碎点缀即可。

菜薹炒米线

扫一扫
学做菜

　　这道炒米线中不仅有米线的筋道韧滑，还有胡萝卜、菜薹的脆爽，口感
丰富，做法也十分简单。

食材

· 菜薹 100 克
· 米线 1 把
· 胡萝卜半根
· 盐适量
· 蘑菇精适量
· 植物油适量
· 生抽适量
· 香油适量

喜欢吃辣的话，
还可以加一些
辣椒油。

❶ 菜薹洗净切段；胡萝卜洗
净切细丝；米线提前泡发，
备用。

❷ 锅中加少许油，将胡萝
卜丝、菜薹倒入锅中翻炒。

❸ 加入适量盐、蘑菇精、生抽，
翻炒均匀后，加入米线继续翻
炒 2 分钟，淋入香油即可出锅。

豆角土豆焖面 扫一扫
学做菜

　　豆角土豆焖面是传统特色美食，面条和汤汁的完美结合使焖面味道非常可口，做法也很简单。

食材

- 土豆1个
- 豆角300克
- 面条200克
- 植物油适量
- 生抽适量
- 老抽适量
- 蘑菇精适量
- 胡椒粉适量
- 盐适量
- 香油适量
- 八角适量
- 桂皮适量

面条吸满了汤汁，一口下去非常满足。

① 土豆去皮，切成滚刀块；豆角择洗干净，掰成小段。

② 锅中热油，加入八角、桂皮炒香，倒入土豆块翻炒。

③ 再将豆角倒入锅中翻炒，加入适量生抽、胡椒粉，加水炖煮10分钟。

④ 另起锅烧水，将面条倒入锅中煮至九分熟，捞出。

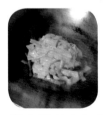

⑤ 在面条中加入适量香油，盖在豆角土豆上面。

⑥ 加入适量盐、蘑菇精、老抽，大火收汁即可。

蕨根粉海带丝

扫一扫
学做菜

在炎热的夏季来一份凉拌蕨根粉吧，清凉爽口、酸辣筋道，健康又营养。

食材

· 蕨根粉 100 克
· 干海带 50 克
· 辣椒油适量
· 盐适量
· 陈醋适量
· 生抽适量
· 香油适量

夏天吃开胃又解暑。

❶干海带提前泡发，切细丝；蕨根粉泡软。

❷锅中烧水，将海带丝和蕨根粉依次倒入锅中焯熟，捞出过凉水。

❸将辣椒油、陈醋、盐、生抽、香油倒入容器调成料汁，再加入海带丝和蕨根粉拌匀。

杂粮扒山药

扫一扫
学做菜

这道菜无论是色泽搭配，还是营养搭配，都堪称佳品，同时也非常适合减肥人群食用。

食材

· 山药 300 克
· 杂粮适量
· 蘑菇精适量
· 生抽适量
· 淀粉适量
· 白糖适量
· 枸杞适量

也可加入蜂蜜调味。

❶山药洗净去皮，切段，用蒸锅蒸熟。

❷杂粮提前浸泡一晚。

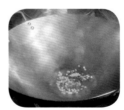

❸锅中加入适量水、杂粮、蘑菇精、白糖、生抽、水淀粉煮一会儿。

❹将杂粮汤汁倒在蒸好的山药上，撒上枸杞即可。

茄丁打卤面

扫一扫
学做菜

茄丁打卤面做法简单，鲜香多汁，能让人食欲大开。

食材

· 土豆1个
· 茄子1根
· 手擀面1把
· 植物油适量
· 桂皮适量
· 八角适量
· 生抽适量
· 淀粉适量
· 盐适量
· 胡椒粉适量
· 蘑菇精适量

可随意添加各种青菜。

❶土豆、茄子洗净，去皮，切丁。

❷锅烧热油，将切好的土豆丁和茄丁倒入锅中炸至金黄捞出。

❸锅留底油，加八角、桂皮炒香，加水、盐、蘑菇精、胡椒粉、生抽，将食材倒入锅中煮。

❹锅中调入适量水淀粉收汁。

❺锅中烧水，将面条放入锅中煮熟，捞出过凉水，拌上卤汁即可。

素水饺

扫一扫
学做菜

这款素水饺以圆白菜和木耳作为馅料，口感清爽、鲜嫩多汁。

食材

· 干木耳 15 克
· 圆白菜适量
· 面粉适量
· 盐适量
· 植物油适量
· 香油适量
· 蘑菇精适量
· 生抽适量

饺子皮尽量擀薄一些。

❶圆白菜择洗干净，切碎；干木耳泡发，切碎。

❷在面粉中加入适量盐，将面粉和水按照 2∶1 的比例和成面团。

❸将面团用保鲜膜包上饧 20 分钟，制成饺子皮。

❹在馅料中加入植物油、香油、盐、蘑菇精、生抽，搅拌均匀。

❺将馅料包在饺子皮中捏紧，在开水中煮熟即可盛出。

素肉夹馍

扫一扫
学做菜

肉夹馍是陕西知名小吃，饼酥肉香，爽而不腻。这道纯素肉夹馍虽然是用素肉制作而成，但是味道也非常不错。

食材

· 素培根 10 片
· 香菜 20 克
· 发面饼 2 个
· 青椒半根

喜欢吃辣的可以放一些辣椒油。

❶ 素培根切碎；青椒、香菜洗净切碎。

❷ 将发面饼从中间切开，注意不要切断。

❸ 将素培根、青椒、香菜混合均匀，塞入发面饼中即可。

素斋饭

扫一扫
学做菜

素斋饭做法简单又营养丰富，可以选几种自己喜欢的蔬菜搭配米饭一起制作。

食材

· 大米 100 克
· 香菇 10 克
· 豌豆 20 克
· 芹菜 10 克
· 胡萝卜半根
· 芋头半个
· 香油适量
· 盐适量
· 生抽适量
· 蘑菇精适量

可随意搭配喜欢的蔬菜。

❶大米淘洗干净；香菇洗净去蒂,切丁；豌豆洗净。

❷胡萝卜、芋头洗净去皮,切丁；芹菜择洗干净,切碎。

❸碗中加水,加入大米和处理好的食材,放入蒸箱蒸熟。

❹在蒸好的米饭中调入适量盐、香油、生抽、蘑菇精,搅拌均匀即可。

烧卖

扫一扫
学做菜

烧卖皮薄馅丰、造型美观、营养丰富，嚼在嘴里又弹又黏糯，香味浓郁，特别好吃。

食材

· 糯米 100 克
· 玉米粒 50 克
· 胡萝卜半根
· 盐适量
· 蘑菇精适量
· 生抽适量
· 面粉适量

还可以加入香菇提味。

❶糯米提前浸泡 4 小时；胡萝卜洗净，去皮切碎；玉米粒洗净。

❷糯米加适量水，放入蒸箱蒸熟。

❸将玉米粒、胡萝卜放在糯米中，加入适量盐、蘑菇精、生抽，搅拌均匀。

❹面粉和成面团擀成皮，用擀好的面皮将糯米馅料包上，放入蒸箱蒸熟即可。

第六章　鲜美滋补汤羹

　　一份鲜美的汤羹，不仅可以暖身，还有滋补的作用。汤羹营养全面，容易消化，老少皆宜，是餐桌上一年四季都不可或缺的菜品。本章介绍了多款美味的汤羹供蔬食者选择。

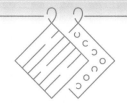

十全滋补养生锅

扫一扫
学做菜

十全滋补养生锅里面有娃娃菜、香菇、杏鲍菇等多种食材，营养全面，喝起来鲜美可口，是非常适合冬季的滋补暖身汤。

食材

- 娃娃菜 50 克
- 蟹腿菇 20 克
- 平菇 20 克
- 金针菇 20 克
- 鲜虫草花 10 克
- 杏鲍菇半根
- 香菇 10 克
- 枸杞适量
- 白果适量
- 核桃仁适量
- 大枣适量
- 油炒面适量
- 盐适量
- 蘑菇精适量
- 胡椒粉适量

非常适合冬季进补。

①将所有食材洗干净，处理好后备用。

②锅中烧热水，将所有食材放入锅中焯水2分钟，娃娃菜最后放入。

③另起锅，在锅中倒入油炒面，炒香后加入适量水。

④将所有食材倒入锅中炖煮5分钟，调入适量盐、蘑菇精、胡椒粉即可。

珍菌煨青玉

扫一扫
学做菜

青萝卜有促进消化、润肠通便的作用，和羊肚菌一起做成汤营养丰富，香味浓郁，滋味鲜美。

食材

· 青萝卜 400 克
· 鲜虫草花 10 克
· 干羊肚菌 3 朵
· 盐适量

萝卜带皮一起煮，营养价值更高。

❶ 将青萝卜洗净，切成小块；鲜虫草花洗净；干羊肚菌用水泡发。

❷ 锅烧热水，将青萝卜倒入沸水中焯水 2 分钟，捞出备用。

❸ 将虫草花、羊肚菌倒入沸水中焯水 1 分钟后捞出。

❹ 锅中加水，倒入青萝卜，调入盐，倒入高压锅中继续炖煮 10 分钟。

❺ 最后将虫草花和羊肚菌倒入锅中略煮，即可盛出。

猴头菇炖豆腐

扫一扫
学做菜

猴头菇口感鲜嫩，豆腐细腻滑嫩，融合在一起使整道菜味道更加和谐。

食材

· 豆腐 500 克
· 干木耳 5 克
· 西蓝花 2 朵
· 猴头菇 1 朵
· 枸杞适量
· 盐适量
· 胡椒粉适量
· 蘑菇精适量

还可加入胡萝卜，
使汤的颜色更丰富。

❶豆腐切成块；干木耳泡发；
猴头菇洗净切片；西蓝花洗净。

❷锅烧热水，先将猴头菇
放入水中焯 2 分钟，再放
入其余食材焯 2 分钟。

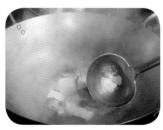

❸另起锅烧水，将焯好的食材
倒入锅中，加入适量盐、胡椒粉、
蘑菇精，炖煮 3 分钟撒上枸杞
即可盛出。

海带炖山药

扫一扫
学做菜

海带炖山药不仅味道鲜美，营养也非常丰富，具有很好的滋补作用。

食材

- 山药 300 克
- 干海带 50 克
- 红枣 3 颗
- 姜片适量
- 植物油适量
- 胡椒粉适量
- 盐适量

海带汤味道鲜美，有利尿消肿的作用。

❶干海带提前用清水泡 2 小时，洗净，切成丝；山药去皮，切成段；红枣洗净。

❷锅烧热水，将海带倒入锅中焯 2 分钟，捞出。

❸起锅烧水，将山药倒入锅中先煮 1 分钟，再将海带倒入锅中煮 2 分钟后，捞出沥水。

❹起锅烧油，倒入姜片、海带、山药、红枣，调入适量盐、胡椒粉，加适量水。

❺将所有食材倒入砂锅中焖煮 10 分钟即可。

芋头豆腐汤

扫一扫
学做菜

芋头细腻柔滑，豆腐香嫩，两种食材做出的汤羹清淡鲜美，滋味清甜，好喝又营养。

食材

- 豆腐 200 克
- 油菜 30 克
- 鲜虫草花 10 克
- 芋头 1 个
- 蘑菇精适量
- 盐适量
- 胡椒粉适量

不仅味道鲜美，色泽也十分诱人。

❶芋头洗净去皮，切块；豆腐洗净切块；油菜洗净，纵切两半；鲜虫草花洗净。

❷锅中烧水，先将芋头和豆腐倒入锅中焯水，再将油菜和鲜虫草花倒入焯水。

❸另起锅烧水，倒入焯好的食材，加入适量蘑菇精、盐、胡椒粉炖煮一会儿即可。

醪糟马蹄

扫一扫
学做菜

气候干燥的春天，来一碗醪糟马蹄再适合不过了，此汤品入口香甜，口感脆滑。既能开胃提神、养血活气，还可以清热泻火。

食材

- 醪糟 400 克
- 马蹄 100 克
- 红枣 6 颗
- 白糖适量
- 枸杞适量

> 醪糟中含有酒精，不宜过多食用。

❶马蹄洗净去皮，切片；红枣、枸杞洗净。

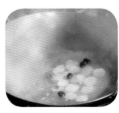

❷将红枣、马蹄、枸杞倒入沸水中焯水，捞出备用。

❸另起锅倒入少量水，将醪糟倒入锅中小火煮一会儿，加入适量白糖。

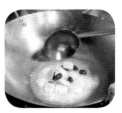

❹将红枣、马蹄、枸杞倒入锅中，与醪糟一起煮5分钟即可。

黑松露枸杞汤

扫一扫
学做菜

黑松露具有补肾壮阳、调理内分泌等作用，这款黑松露枸杞汤，味道鲜美、补肾益气，一碗下肚，全身都是暖暖的，非常舒服。

食材

· 黑松露 20 克
· 枸杞适量
· 盐适量

还可以加入山药一起做汤。

❶黑松露洗净切片；枸杞洗净。

❷将适量黑松露与枸杞放入汤盅，加入适量水。

❸蒸锅中加水烧开，将汤盅放入蒸锅蒸15分钟。

❹在汤中调入适量盐即可。

南瓜羹

扫一扫
学做菜

香甜的南瓜羹不但能养胃，还有美容养颜的作用。

食材

· 南瓜 400 克
· 白糖适量
· 淀粉适量

南瓜味道甘甜，
不放糖也很好吃。

❶南瓜洗净去皮，
切块。

❷将南瓜放入蒸箱
中蒸熟。

❸将蒸熟的南瓜、
放入料理机中，加
适量水打成糊状。

❹将搅打好的南瓜
糊倒入锅中加热，加
入适量白糖、水淀粉，
搅拌至浓稠即可。

太子参红枣汤

扫一扫
学做菜

太子参红枣汤可以起到补气血的作用，同时还能健脾胃，是一款秋日养生汤饮。

· 太子参 15 克
· 红枣 3 颗
· 枸杞适量
· 盐适量

太子参有益气健脾、生津润肺的作用。

❶ 太子参、红枣、枸杞洗净。

❷ 将适量太子参、红枣、枸杞放入汤盅，加入适量水。

❸ 蒸锅中加水烧开，将汤盅放入蒸锅蒸15 分钟。

❹ 在汤中调入适量盐即可。

羊肚菌竹荪汤

扫一扫
学做菜

羊肚菌、竹荪都是营养价值很高的菌类食物，做成汤营养丰富，香味浓郁，滋味鲜美。

食材

· 干竹荪 10 克
· 干羊肚菌 1 朵
· 枸杞适量
· 盐适量

竹荪还可以搭配冬瓜一起煮，味道也十分鲜美。

❶干羊肚菌、干竹荪提前用水泡发；枸杞洗净。

❷将适量羊肚菌、竹荪、枸杞放入汤盅，加入适量水。

❸蒸锅中加水烧开，将汤盅放入蒸锅蒸15分钟。

❹在汤中调入适量盐即可。

西湖素肉羹

扫一扫
学做菜

这款汤羹味道鲜美，口感丰富，顺滑开胃，春夏季节来上一碗，滋补又营养。

食材

- 素牛肉 80 克
- 豆腐 80 克
- 香菜 10 克
- 香菇 10 克
- 植物油适量
- 蘑菇精适量
- 盐适量
- 胡椒粉适量
- 淀粉适量

❶素牛肉、豆腐洗净切丁；香菇洗净去根，切丁；香菜择洗干净，切成末。

这款汤香醇润滑，色香味俱全。

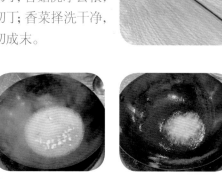

❷锅中烧水，将香菇丁、豆腐丁放入沸水中焯一会儿，捞出。

❸锅中加适量油，素牛肉丁在锅中过油，备用。

❹另起锅烧水，将香菇丁和豆腐丁倒入锅中，加蘑菇精、盐、胡椒粉、水淀粉，搅拌均匀。

❺水开后，将素牛肉丁倒入锅中略煮，盛出，撒适量香菜末即可。

雪梨汤

扫一扫
学做菜

雪梨汤是秋冬滋补佳品，一碗甜汤下肚，暖胃又暖身。

食材

· 雪梨 3 个
· 冰糖适量
· 枸杞适量

梨汤清甜可口，有助
于缓解咽喉不适。

❶雪梨洗净去皮、去子，对
半切开。

❷锅中加入适量水、冰糖和
切好的雪梨，用勺子搅拌至
冰糖融化。

❸大火烧至煮沸，再小火煮
10~15 分钟，将雪梨捞出，
切片摆盘，撒枸杞点缀。

口蘑紫菜汤

扫一扫
学做菜

口蘑紫菜汤味道鲜美、口感清甜，喝起来身心舒畅。

食材

· 口蘑 20 克
· 紫菜 1 把
· 植物油适量
· 香油适量

这款汤鲜美又减脂，适合有瘦身需求的人食用。

❶ 口蘑洗净，切片。

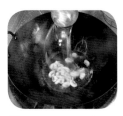

❷ 锅中烧水，将口蘑倒入沸水中焯一会儿，捞出沥水。

❸ 另起锅烧油，口蘑倒入锅中翻炒几下，再加适量水。

❹ 水开后，将紫菜放入锅中，出锅前淋几滴香油即可。

板栗羹

扫一扫
学做菜

这道板栗羹不但能补肾益气，还能健脾暖胃，非常适合秋冬季节食用。

食材

· 熟板栗 100 克
· 白糖适量
· 淀粉适量
· 腰果适量

也可以加入花生、榛子、核桃等坚果。

❶ 熟板栗去皮，加适量水，倒入料理机中打碎搅匀。

❷ 将板栗汁倒入锅中小火煮一会儿。

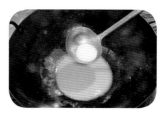

❸ 加入适量白糖、水淀粉，搅拌至浓稠，放入腰果即可。

花生炖莲藕

扫一扫
学做菜

莲藕和花生仁一起煲汤不仅能为身体补充营养、提供能量，还具有润肠通便、清热凉血的作用，是秋季润燥的佳品。

食材

· 莲藕 300 克
· 花生仁适量
· 盐适量
· 花生酱适量
· 胡椒粉适量
· 蘑菇精适量

炖好的莲藕和花生软烂入味、香浓味美。

❶将莲藕洗净去皮，切成小块；花生仁去皮。

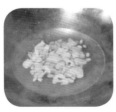

❷锅中烧热水，将莲藕和花生仁放入沸水中焯水 2 分钟后捞出。

❸另起锅烧水，将食材倒入锅中，加入花生酱、盐、蘑菇精、胡椒粉搅拌均匀。

❹将莲藕汤倒入高压锅中继续炖煮 5 分钟即可出锅。